普通高等教育"十四五"规划教材

复合材料专业
综合实验指导书

张 玲　唐茂玉　等编

U0352703

北　京

冶 金 工 业 出 版 社

2023

内 容 提 要

本书分为 10 章，内容覆盖复合材料科研常用的技术和方法，从设计调研、原料检验、结构设计、模具制备、固化成型、性能检测、循环利用等多角度对学生进行综合训练，培养学生的科学思维、工程技能和创新意识。

本书可作为高等院校复合材料、高分子专业的实验教材，也可供材料类相关方向的研究生和现场工程技术人员参考。

图书在版编目(CIP)数据

复合材料专业综合实验指导书/张玲等编.—北京：冶金工业出版社，2023.11

普通高等教育"十四五"规划教材

ISBN 978-7-5024-9652-4

Ⅰ.①复…　Ⅱ.①张…　Ⅲ.①复合材料—实验—高等学校—教学参考资料　Ⅳ.①TB33-33

中国国家版本馆 CIP 数据核字(2023)第 195237 号

复合材料专业综合实验指导书

出版发行	冶金工业出版社	电　　话	(010)64027926
地　　址	北京市东城区嵩祝院北巷 39 号	邮　　编	100009
网　　址	www.mip1953.com	电子信箱	service@ mip1953.com

责任编辑　张佳丽　美术编辑　吕欣童　版式设计　郑小利
责任校对　王永欣　责任印制　窦　唯
北京印刷集团有限责任公司印刷
2023 年 11 月第 1 版，2023 年 11 月第 1 次印刷
787mm×1092mm　1/16；9.5 印张；228 千字；144 页
定价 36.80 元

投稿电话　(010)64027932　投稿信箱　tougao@cnmip.com.cn
营销中心电话　(010)64044283
冶金工业出版社天猫旗舰店　yjgycbs.tmall.com
(本书如有印装质量问题，本社营销中心负责退换)

前　　言

　　高性能纤维及其复合材料集军事价值与经济价值于一身，是我国重大战略实施和高端装备发展的物质保障基础，被广泛应用于航空航天、轨道交通、舰船车辆、能源化工、医疗健康和信息基础设施建设等重要领域。复合材料的原料组成、细观结构、制造工艺和评价方法具有多样性，而单一的材料分析、成型试验或性能检测实践，会导致训练环节的不连贯。因此，构建一个集原料检验、结构设计、模具准备、制品成型、检测评价和循环利用于一体的复合材料综合实训体系，对培养应用型人才具有十分重要的现实意义。

　　本书在编写过程中，紧密围绕和联系工程实际，将相关的实验项目按制造流程分章进行整合，前后章节的项目组合又可形成若干个综合性实验，以确保专业实践训练的贯通性和创新性。实验项目包括组成复合材料的增强相与基体相材料检测、界面表征实验、模具分析制造、成型工艺实验、制品性能检测和循环利用试验等，便于学生全流程掌握影响复合材料性能的关键因素，结合科学原理对复合材料制品进行失效分析和方案优化，最终完成综合实验总结报告。

　　本书的构思和撰写是重庆科技学院复合材料与工程专业教学团队共同努力的结果。张玲负责全书的统编和定稿工作；陈勇参与了增强相性能测试相关内容的编写；刘经纬协助完成了基体相性能测试校稿工作；杜冰审阅了计算机辅助设计章节内容，并在模拟仿真方面给予了大力支持；叶勇和邱峰提供了复合材料制品和模具相关的技术标准和实施要求；田生慧参与了复合材料制品成型和循环利用试验项目的编撰。本书的编写得到了北京天域科技有限公司和江苏万事预复合材料科技有限公司负责人唐茂玉女士的大力支持，她提供了许多重要参考资料和宝贵建议，此外重庆科技学院相关部门和冶金与材料工程学院领导也为本书提供了支持与帮助，在此一并表示衷心感谢！

　　由于编者水平有限，书中难免有疏漏之处，敬请读者批评指正。

编　者

2023 年 7 月

目　录

1 导　　论

复合材料结构件的性能是由原料、设计、工艺等多重因素所决定的，这使得在提高其可设计性的同时，也大大增加了产品开发的难度和工作量。只有掌握调研分析—材料筛选—结构设计—样件成型—检测评价—持续优化—循环利用的正向流程，才能研发性能更好、材料更省、周期更短、工艺可行、质量可控的复合材料产品，作为一名合格的复合材料工程技术人员掌握这些综合试验流程与方法，无疑是十分重要的。

1.1　课程任务和教学思路

"复合材料专业综合实验"课程是复合材料与工程专业的一门以实验为主，与工程应用联系紧密的专业课。其任务是通过对课程的学习，增强学生的工程意识并培养学生的工程实验技能，提高学生的工程实践能力和创新能力，使学生巩固和加深对专业课程基本理论的理解，掌握复合材料制备、成型、结构设计分析和性能测试的方法，学会通过文献的查阅、归纳和总结，系统完成实验方案制定、原材料评价、计算机辅助设计、成型工艺及设备选择，性能测试与优化、实验数据及图像分析处理、实验报告撰写等完整的复合材料制品研发训练，为从事复合材料相关的研究或生产打下必要基础。

本课程的教学基本思路是以成果产出为导向，实行课程的工程化和综合化，严格遵循有关技术标准或法规，使学生在提高工程实践能力和创新能力的同时，增强标准化意识。采用的做法包括：紧密联系典型产品或结构的制造工艺组织实验教学，调整项目组合形成探索性或障碍性实验，结合虚拟仿真与实践验证以确保复合材料制品开发正向流程的完整性。

1.2　实验管理总则

在实验课中要提高认识，严格按照相关实验标准和实验指导书进行实验，为将来在工作、科研和生产实践中坚持实验标准化奠定必要基础。学生应正确认识和处理影响实验结果的各种因素，培养严谨的作风，认真负责，细心操作，合理处理数据，尊重客观事实，留意反常数据，善于发现和总结新现象或新规律。

1.2.1　实验预习

实验前学生应认真阅读实验教材，明确实验的目的和要求，理解实验相关的科学理论和技术原理，了解实验仪器的性能和安全准则，掌握实验步骤与操作规程，明确实验数据类型及处理方法。

1.2.2　实验操作

学生应先检查实验装置和试剂是否符合要求。实验过程中，要求操作正确、观察仔细、测取认真、记录准确、善于发现和解决实验中出现的问题。实验结束后，及时提交原始数据、图纸和源文件待教师核验。

1.2.3　实验报告

报告内容应包括制品调研及设计规划、材料筛选及原料检验、构造解析及铺层设计、模具制作及成型控制、性能检测及失效分析、持续优化及循环利用等。其中，失效分析和持续优化是实验报告的重要部分。前者关注制品质量控制的客观因素及技术改进途径，重在以设计指标为依据，对实验结果进行分析和解释；后者反思实验过程控制的主观因素及管理改善途径，侧重个人及团队的心得体会，以及实践教学环节的改进意见。实验报告必须在规定时间内独立完成。

1.2.4　实验考核

专业综合实验从制品质量、团队协作、实验报告 3 个方面进行考核，本课程鼓励学生提出复合材料制品的新设计和新应用，并进行可行性验证，通过团队成员之间以及与指导教师之间的交流成效评估团队氛围，报告内容不全、杂乱潦草、数据混乱、误差较大且未进行分析讨论，将被视为不合格报告。篡改数据、抄袭、剽窃他人分析结果（包括同组人），报告成绩计 0 分。

1.3　安全教育

实验室是培养学生理论联系实际、分析解决问题能力、养成科学作风的重要场所，爱护实验室是科学道德的一部分。学生进入实验室应自觉遵守实验室的各项规章制度，不携带食品饮料，不在实验室内抽烟、打闹，禁止玩手机及利用计算机玩游戏。实验中注意人身安全，一旦化学反应和仪器出现异常情况要及时向指导教师报告。实验完毕，应关闭各种仪器，认真填写实验室及仪器使用登记表，打扫实验室卫生，严禁将化学药品私自带出室外。对违反规定且不听劝阻者，教师酌情批评，直至停止其实验。

1.3.1　安全用电常识

室内若有氢气、甲烷等易燃易爆气体，应避免继电器工作或开关电闸时产生电火花。电器接触点（如电插头）接触不良时，应及时修理或更换。如遇电线起火，应立即切断电源，用沙或二氧化碳、四氯化碳灭火器灭火，禁止用水或泡沫灭火器等导电液体灭火。

1.3.2　化学药品使用规范

实验前，应了解所用药品的毒性及防护措施，操作时有有毒气体（如 H_2S、O_2、浓 HCl 和 HF 等）产生时应在通风橱内进行。有些药品（如苯、有机溶剂、汞等）能透过皮肤进入人体，应避免与皮肤接触。许多有机溶剂（如乙醚、丙酮、乙醇、苯等）容易燃烧，使用时严禁使用明火，并防止产生电火花及其他撞击火花。不要将过氧化物与促进剂简单混合，平时应适当间隔放置。禁止随意混合各种试剂药品，以免发生意外事故。化学废液及固废垃圾应分类规范处理，不得随意处置。

1.3.3　其他注意事项

实验过程中必须穿专用工作服，防止将短纤维弄入眼内，或化学药品和原材料对人体造成不必要的伤害。小心操作切割机、万能力学试验机和热压机等机械设备，小心搬拆模具，防止机械伤害。

2 制品调研与规划

制品调研就是对制品设计的有关信息，诸如文献资料、技术情报、专利技术、行业标准、消费趋势、功能结构参数等，进行调研、识别、选择、分解、检测并进行整理、报告和说明。这是复合材料制品设计方案孕育的首先且必要的过程。

任何一件现实产品的设计都会涉及需求、经济、文化、审美、技术、材料等一系列的问题。怎样科学、有效地掌握信息、资料，是设计者必须认真对待的。设计信息资料收集需遵循如下原则：

（1）目的性。事先明确目的，围绕目的去搜集，可以提高工作效率。

（2）完整性。尽可能防止分析问题的片面性，方便后期进行正确的分析判断。

（3）准确性。不准确的情报常常导致错误决策和设计失败。

（4）适时性。要求在需要信息的时候能够及时地提供情报。

（5）计划性。通过编制搜集计划，进一步明确搜集目的，搜集内容、范围，时间节点和情报来源，从而提高信息搜集质量。

（6）条理性。对搜集到的各种制品信息，要整理成系统有序，便于使用、分析的手册。

2.1 调研内容

在设计之前，首先应将问题分析清楚，再根据分析的结果，按一定方向收集相关资料。概括起来，设计资料包括设计环境、技术状况、消费者、市场、企业生产制造等多方面的内容。

2.1.1 制品用户市场需求调查

制品用户市场需求调查即制品的调查（规格、特点、寿命、周期、包装等）；消费者对现有商品的满意程度及信任程度；商品的普及率；消费者的购买能力、购买动机、购买习惯、分布情况以及对制品功能、性能、可靠性和操作性的要求等。

2.1.2 对企业及制品的销售调查

对企业的调查主要是经营情况的调查，包括制品分析、销售与市场调查、投资调查、资金分析、生产情况调查、成本分析、利润分析、技术进步情况、企业文化、企业形象及公共关系情况等。根据制品开发的需要可选相关项目调查，并将调查结果制成图表，分析制品销售额和市场占有率变化趋势及原因，预测同类制品产销情况及市场需求量，总结影响制品价格的因素、消费心理等，以制定合理的性价比策略。

2.1.3　科技情报调查

要掌握国内外同类制品的研制设计历史和技术演变动向，特别是技术空白的情况。搜集相关技术资料，如图纸、说明书、技术标准、质量调查报告和专利说明书。

2.1.4　生态环境调查

复合材料制品的环保功能正日益成为产品评价的重要指标，要关注同类制品在三废处理和循环利用方面的规范化、精细化、绿色化和信息化动向。

2.1.5　生产情报调查

了解目前生产同类制品的厂家所使用的工艺方法、设备、原材料、检验标准、试验手段、实际产量，以及制品生产成本、使用寿命和迭代周期等信息。

2.1.6　方针政策调查

了解政府有关环境保护的政策、法规、条例、规定，能源使用方面的政策，废弃物治理方面的政策，以及有关劳保、安全生产方面的政策。

2.2　信息搜集

2.2.1　询问法

以询问的方式去搜集制品信息。询问的方式一般有：面谈、电话询问、书面询问、网上询问，将要调查的内容告诉被调查者，并请他认真回答，从而获得满足自己需要的制品信息。

2.2.2　检索法

通过检索各种书籍、刊物、专利、样本、目录、广告、报纸、影像、论文、网络词条等，来寻找与调查内容有联系的相关产品信息。

2.2.3　观察法

通过派遣调查人员到现场直接观察搜集制品信息。这要求调查人员具备较敏锐的洞察力和观察问题、分析问题的能力。

2.2.4　购买法

花钱去购买元件、样品、模型、样机、产品、科研资料、设计图纸、专利等，以获取相关的制品信息。

2.2.5　互换法

在不违反保密制度和保密协议的情况下，用自己占有的资料、样品等和别的企业交换自己所需的制品信息。

2.2.6　试用法

将试制样品采取试用的方式来获取有关制品信息，并将调查表发给试用单位和个人，请他们把使用情况和意见填写在调查表上，按规定期限寄回。

2.3　分析报告

调研要有充分的事实，对数据应进行科学分析，切忌道听途说和一知半解。分析报告应达到如下 4 点要求：

（1）要针对调查计划及相关实验项目回答。

（2）统计数字要完整、准确。

（3）文字简明，要有直观的图表。

（4）要有明确的制品设计、实验方案和意见。

调查分析报告可包括如下内容：

（1）国内外产品市场现状及发展趋势分析。

（2）国内外生产厂家及其产品综合分析。

（3）材料、结构、工艺、功能调研分析。

（4）国内外产品相关标准规范调研论证。

（5）产品结构分解与制品设计基准选择。

（6）制品设计规划与实验项目流程制定。

制品设计规划要形成明确的设计目标说明，内容大体包括：设计的目的和意义；主要技术参数，包括功能参数和性能指标；结构选型及原理；实验项目规划及预期结果；创新及应用前景等。

3 增强体性能测试实验

3.1 纤维直径和横截面积测定实验

3.1.1 实验目的和要求

（1）了解显微镜的工作原理和基本操作方法。

（2）掌握横向切割的纤维直径和横截面积的测定方法。

3.1.2 实验原理和方法

由于纤维集合体细观结构的尺度范围较小，常借助仪器来进行放大分析。光学显微镜能利用光线照明，将微小物体形成放大影像，帮助分辨相距万分之三毫米（3×10^{-4} mm）的两个质点，而电子显微镜则能分辨出相距千万分之一毫米（1×10^{-7} mm）的两个质点，其运用的是图像处理技术测定纤维集合体细观结构的基本原理，利用 CCD 摄像机捕捉静止的或以一定速度运动的被研究对象的图像进行处理和分析，可以反映织物的组织结构、经纬密度和粗糙程度等产品参数，而且可进一步用于纺织复合材料的缺陷特征及其产生原因分析，以利于调整工艺参数，提高产品质量。电子显微镜只适用于静态的形态学观察，如织物中经纬纱线交织情况、孔隙结构等。纤维集合体的动态观察，如受力变形状态等，仍需先进的光学显微镜技术。

用光学显微镜（纤维直径≥10μm）或扫描电子显微镜（纤维直径<10μm）观察垂直于纤维轴的截面或进行图像分析。此方法适用于平行纤维束和横截面形状不是圆形的纤维，也可以直接用来检查单向复合材料中纤维的分布以及测量纤维的体积含量。测试参考标准《碳纤维 纤维直径和横截面积的测定》（GB/T 29762—2013）。

3.1.3 实验仪器与材料

光学显微镜/扫描电子显微镜、图像检测与分析系统、抛光机、纤维束、常温固化树脂。

3.1.4 实验内容与步骤

（1）取长度约为 30mm 的纱线作为试样，垂直放入已涂覆脱模剂的塑料管中，将调配好的树脂倒入管内常温固化。

（2）从塑料管中取出固化树脂，用抛光机将树脂中垂直于纤维轴向的一面抛光。先用 100～150 目的砂纸和流动水打磨（1 目＝25.4mm），再逐渐换用更细颗粒的砂纸（至 800 目）继续抛光。接着用氧化铝粉或金刚石研磨膏抛光，直到抛光面在 1500 倍光学显微镜下观测不到划痕。或将纤维束粘贴在黑色导电胶带上直接用于扫描电镜观察。

（3）将试样置于载物台上，选择具有代表性的区域，调节纤维横截面图像至边界清晰后拍照，利用校准的显微镜标尺直接测定纤维直径，或利用 ImageJ 等图像分析软件间接测量纤维根数和横截面积。

3.1.5   实验记录及处理

测量 20 根单丝的直径，并用测量的直径计算圆形截面单丝的横截面积。或者用图像分析软件测量的每根单丝的横截面积，除以放大倍率的平方得到非圆形界面的纤维单丝横截面积。

按式（3-1）计算单丝表观直径 d：

$$d = 2\sqrt{\frac{s}{\pi}} \tag{3-1}$$

式中 s ——单丝的截面面积，μm^2。

将测定结果填入表 3-1 中。

表 3-1   纤维直径和横截面积测定数据表

编号	1 号	2 号	3 号	4 号	5 号	6 号	7 号	8 号	9 号	10 号
$d/\mu m$										
$s/\mu m^2$										
编号	11 号	12 号	13 号	14 号	15 号	16 号	17 号	18 号	19 号	20 号
$d/\mu m$										
$s/\mu m^2$										

计算 d 和 s 的算数平均值、标准差和离散系数。

（1）算术平均值 $\overline{X}$ 计算到三位有效数字。

$$\overline{X} = \frac{\sum_{i=1}^{n} X_i}{n} \tag{3-2}$$

式中 X_i ——每个试样的性能值；

n ——试样数。

（2）标准差 S 计算到二位有效数字。

$$S = \sqrt{\frac{\sum_{i=1}^{n} (X_i - \overline{X})^2}{n-1}} \tag{3-3}$$

（3）离散系数 C_v 计算到二位有效数字。

$$C_v = \frac{S}{\overline{X}} \tag{3-4}$$

3.2 单丝拉伸性能测定实验

3.2.1 实验目的和要求

（1）了解单丝强力仪的工作原理和操作方法。

（2）掌握单丝强度和弹性模量的测定方法。

3.2.2 实验原理和方法

由于纤维和纱线的长径比很大，因此在加工和使用过程中经常受到沿轴线（长度）方向的外力作用，受力后产生一定程度的伸长变形。所施加的负荷和变形之间的关系曲线即载荷-伸长曲线。也可以将载荷转化为单位面积（细度）的纤维或纱线所受的应力，伸长变形折算为伸长率，则得到应力-应变曲线。由力-伸长曲线和应力-应变曲线的形状以及特征点的位置可以获得反映纤维和纱线拉伸变形行为的信息。

将单丝试样夹持在合适的拉伸试验机上，匀速拉伸至试样破坏，记录载荷-伸长曲线。根据载荷-伸长曲线和单丝的横截面积计算拉伸强度和拉伸弹性模量。从开始拉伸到拉伸结束过程中试样所受的最大拉伸应力为拉伸强度。

材料在弹性变形阶段，其应力和应变成正比，即符合胡克定律，此比例系数为材料的弹性模量 E。

单丝拉伸强度 σ_b 和弹性模量 E 的计算公式分别为：

$$\sigma_b = \frac{4D}{\pi d^2} \tag{3-5}$$

式中　D——断裂载荷，N；

　　　d——单丝直径，mm。

$$E = \frac{\sigma_a}{\varepsilon_a} = \frac{\dfrac{4P}{\pi d^2}}{\Delta L / L_0} = \frac{4PL_0}{\pi d^2 \Delta L} \tag{3-6}$$

式中　σ_a，ε_a——单丝弹性变形阶段结束时 a 点的应力和应变；

　　　P——该点处的载荷，N；

　　　L_0——拉伸前单丝的伸直长度，mm；

　　　ΔL——该点单丝的伸长量，$\Delta L = L_a - L_0$，mm。

测试参考《碳纤维单丝拉伸性能的测定》（GB/T 31290—2022）。

3.2.3 实验仪器与材料

拉伸试验机：十字头恒速位移，配有载荷-伸长记录装置。载荷指示的精度应高于测定值的1%。

试样衬：由薄的纸片、柔性金属片或塑料片制成的带有狭槽的薄片，狭槽长度为25mm±0.5mm，如图3-1所示。薄片应尽可能薄，以减少夹具中试样的偏轴，推荐厚度是0.1mm。

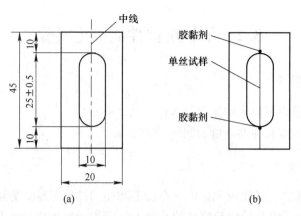

图 3-1 用于粘单纤维丝试样的试样衬
（a）试样衬尺寸；（b）粘贴好单丝的试样衬

胶黏剂：任何能将单丝牢固粘在试样衬上的环氧树脂、松香或者蜂蜡。

胶带：能将单丝暂时固定在试样衬上（无特殊要求）。

3.2.4 实验内容与步骤

（1）试验前，将长约 10cm 的丝束在温度为（23±2）℃，相对湿度为（50±10）％的标准环境下放置至少 24h。按纤维根数大致分成均匀的 4 份，每份取相同数量的单丝制备试样，至少保证 20 个有效的测试结果。若碳纤维单丝不易分散，可在碳纤维丝束一端用适量乙醇润湿以便于单丝取样。

（2）将单丝放在试样衬狭槽中间，拉直试样，暂时用胶带将单丝的两端固定在试样衬两端，在试样衬狭槽两端的单丝上各滴一滴胶黏剂，使单丝与试样衬牢固地结合在一起。

（3）设定拉伸试验机十字头移动速度，范围为 1~5mm/min。

（4）夹紧试样衬时，应使单丝与加载轴线同轴。

（5）加载前，剪断试样衬的两侧。

（6）对试样施加预载荷，按表 3-2，通过预估模量和横截面积来确定预载荷范围。

表 3-2 最大预加载荷

标称断裂应变	最大预载荷对应应变
$\varepsilon \geqslant 1.2$	0.02
$\varepsilon < 1.2$	0.01

注：标称断裂应变（最大载荷时的伸长率）可由碳纤维的商业代号中的标称拉伸强度和标称拉伸弹性模量值来计算。

（7）启动试验机加载至单丝破坏，记录载荷-伸长曲线。

（8）若单丝在夹具中破坏，则舍弃该试样，重新取样测试。

（9）准备不同狭槽长度的试样衬，以制备不同标距长度的试样，这些试样衬应由相同材料制成。狭槽的长度分别是 5mm、10mm、20mm、30mm 和 40mm。每种狭槽长度至少准备 5 个，且狭槽长度的偏差应小于 ±0.5mm.

（10）将单丝粘贴到试样衬上，应确保试样的标距长度偏差小于 ±0.5mm，测定每个试样的载荷–伸长曲线。

（11）按以下步骤获得系统柔量：

1）从载荷–伸长曲线上读出 ΔP 和 ΔL（见图3-2）；

2）以 $\Delta L/\Delta P$ 为纵坐标，试样的标距长度 L 为横坐标，绘制 $(\Delta L/\Delta P)-L$ 曲线；

3）系统柔量（K）是将直线外延至标距长度为零时的纵坐标值（即纵坐标轴上的截距），单位为毫米每牛（mm/N），如图3-3所示。

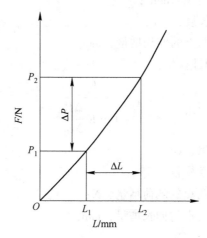

图 3-2　拉伸试验载荷–伸长曲线

L—伸长；P—载荷；ΔL—弹性段的伸长增量；ΔP—弹性段的载荷增量

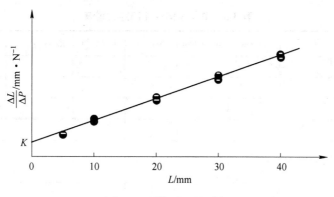

图 3-3　系统柔量的测定

3.2.5　实验记录及处理

3.2.5.1　拉伸强度

按式（3-7）计算每根单丝的拉伸强度 σ_f，单位为兆帕（MPa）。

$$\sigma_f = \frac{P_f}{A_f} \tag{3-7}$$

式中　P_f——最大拉伸载荷，N；

A_f——单丝的横截面积，mm^2。

3.2.5.2 拉伸弹性模量

按式（3-8）计算表观拉伸弹性模量 E_A，单位为吉帕（GPa）。

$$E_A = \frac{\Delta P_A}{A_f} \cdot \frac{L}{\Delta L_A} \times 10^{-3} \tag{3-8}$$

式中 ΔP_A ——弹性段任意两点的载荷增量，N；

       A_f ——单丝的横截面积，mm^2；

       L ——试样的标距长度，mm；

      ΔL_A ——弹性段对应两点的伸长增量，mm。

按式（3-9）计算拉伸弹性模量：

$$E_{f,A} = \frac{E_A}{1 - K\dfrac{\Delta P_A}{\Delta L_A}} \tag{3-9}$$

式中 $E_{f,A}$ ——拉伸弹性模量，GPa；

      E_A ——表观拉伸弹性模量，GPa；

     ΔP_A ——弹性段任意两点的载荷增量，N；

     ΔL_A ——弹性段对应两点的伸长增量，mm；

      K ——系统柔量，mm/N。

至少完成 20 个有效测试结果，计算 K、σ_f 和 $E_{f,A}$ 的算数平均值、标准差和离散系数，将结果填入表 3-3 中。

表 3-3 单丝拉伸性能测定数据表

单丝试样	A_f /mm^2	P_f /N	L/mm	$\Delta L_A/mm$	$\Delta P_A/N$	E_A/GPa	$K/mm \cdot N^{-1}$	σ_f /MPa	$E_{f,A}/GPa$
1 号									
2 号									
3 号									
4 号									
5 号									
6 号									
7 号									
8 号									
9 号									
10 号									
11 号									
12 号									
13 号									
14 号									
15 号									
16 号									

单丝试样	A_f /mm²	P_f /N	L/mm	ΔL_A/ mm	ΔP_A / N	E_A/GPa	K/mm · N⁻¹	σ_f /MPa	$E_{f,A}$/GPa
17 号									
18 号									
19 号									
20 号									
平均值									
标准差									
离散系数									

3.3　复丝拉伸性能测定实验

3.3.1　实验目的和要求

（1）了解万能实验机的使用方法。

（2）掌握丝束表观强度和表观模量的测定方法。

3.3.2　实验原理和方法

　　丝束强度是从纱轴上退解下来的已经合股加捻的纤维束强度，比单丝强度低，但丝束强度更接近于实际应用情况。在拉伸纤维束时，由于夹头对各根纤维夹持松紧不一，或各单根纤维伸直的程度不一，有可能导致各单丝受力不匀而断裂参差不齐。如果用树脂将一束纤维中各根纤维黏结在一起，依靠树脂传递应力，则在受夹头压紧或施加拉伸力时，可较好地克服上述缺点。在拉伸实验中，由于纤维排布方向上树脂的模量及强度比纤维的模量及强度低得多，所以计算拉伸强度时可将树脂所承受的拉力忽略不计。但由于树脂和纤维联合承力和变形，所测纤维束强度和模量数据总要受到树脂的影响。由于纤维和树脂黏合组成的整体不是一个均匀体，该测试仅能说明丝束的基本性能，用这种方法测量的纤维束强度和模量实为表观强度和表观模量。测试参考标准《碳纤维复丝拉伸性能试验方法》（GB/T 3362—2017）。

3.3.3　实验仪器与材料

　　万能试验机、纤维束、线框、烘箱、纸片/纸板、环氧树脂及固化剂。

3.3.4　实验内容与步骤

　　（1）选定已知支数和股数的纤维束（复丝）10 根，使之浸渍环氧树脂和固化剂的混合物（如每 10g E-51 环氧树脂加三乙四胺 1g，以丙酮作溶剂，配置得到均匀的碳纤维浸渍胶液。胶液固化条件为（120±5）℃，不少于 60min。固化后树脂的断裂伸长率典型值为 2.1%）2~4min。浸过胶的复丝，除去多余的胶液（树脂含量控制在 35%~50%），使复丝拉直绷紧在线框上，放入烘箱内固化。试样应均匀，光滑平直无缺陷。

（2）将复丝按图3-4中的试样尺寸裁剪，用纸片或纸板作为加强片黏接在试样两端。对6K以下的碳纤维复丝试样，可选用0.2~0.5mm厚的纸片或纸板；6K及以上碳纤维复丝试样，可选用0.3~1.0mm厚的纸片或纸板。可用室温固化的环氧类胶黏剂粘贴加强片。

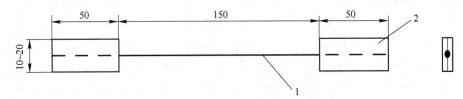

图3-4　试样的形状及尺寸示意图

1—碳纤维复丝；2—加强片

（3）装夹试样，使复丝与上下夹头的加载轴线重合。选择适当的加载速率（1~20mm/min）。对试样施加初始载荷（约为破坏载荷的5%），记录载荷–伸长曲线，直至试样断裂，记录破坏载荷（或最大载荷），以及试样的破坏形式。若试样破坏出现以下情况应判定无效。

1）试样部分断裂；

2）试样在加强片处拔出；

3）试样破坏在夹具内或试样断裂处离夹紧处的距离小于10mm。

（4）把纤维丝束拉直，截取3根1m长的复丝，测量长度最大允许误差为±1mm。用电子天平称量样品，精确到0.1mg。取3根复丝样品测量结果的算数平均值，作为复丝线密度。

3.3.5　实验记录及处理

3.3.5.1　拉伸强度

拉伸强度按式（3-10）计算：

$$\sigma_{\mathrm{t}} = \frac{P}{A_{\mathrm{f}}} \tag{3-10}$$

式中　σ_{t}——拉伸强度，MPa；

　　　P——破坏载荷，N；

　　　A_{f}——复丝截面积，mm^2。

按式（3-11）计算A_{f}：

$$A_{\mathrm{f}} = \frac{t}{\rho_{\mathrm{f}}} \tag{3-11}$$

式中　t——复丝的线密度，g/m；

　　　ρ_{f}——复丝的密度，g/cm^3。

3.3.5.2　拉伸弹性模量

拉伸弹性模量按式（3-12）计算：

$$E_{\mathrm{t}} = \frac{\sigma_2 - \sigma_1}{\varepsilon_2 - \varepsilon_1} \times 10^{-3} \tag{3-12}$$

式中　E_t ——拉伸弹性模量，GPa；

　　　ε_1 ——弹性模量测量时应变取值范围的应变下限，%，取值见表 3-4；

　　　ε_2 ——弹性模量测量时应变取值范围的应变上限，%，取值见表 3-4；

　　　σ_1 ——应力-应变曲线上 ε_1 对应的应力，MPa；

　　　σ_2 ——应力-应变曲线上 ε_2 对应的应力，MPa。

$$\sigma_1 = \frac{P_1}{A_f} \tag{3-13}$$

式中　P_1 ——应力-应变曲线上 ε_1 对应的载荷，N；

　　　A_f ——复丝截面积，mm^2。

$$\sigma_2 = \frac{P_2}{A_f} \tag{3-14}$$

式中　P_2 ——应力-应变曲线上 ε_2 对应的载荷，N；

　　　A_f ——复丝截面积，mm^2。

表 3-4　弹性模量测量时应变取值范围

复丝断裂伸长率 ε 典型值	应变取值范围 $\varepsilon_1 \sim \varepsilon_2$
$\varepsilon \geqslant 1.2\%$	$0.1\% \sim 0.6\%$
$0.6\% \leqslant \varepsilon < 1.2\%$	$0.1\% \sim 0.3\%$
$0.3\% \leqslant \varepsilon < 0.6\%$	$0.05\% \sim 0.15\%$

3.3.5.3　断裂伸长率

断裂伸长率由拉伸强度和拉伸弹性模量计算得到，按式（3-15）计算：

$$\varepsilon_t = \frac{\sigma_t}{E_t} \times 0.1 \tag{3-15}$$

式中　ε_t ——断裂伸长率，%；

　　　σ_t ——应力-应变曲线上 ε_t 对应的应力，MPa；

　　　E_t ——拉伸弹性模量，GPa。

将复丝拉伸性能测定的数据填入表 3-5 中。

表 3-5　复丝拉伸性能测定数据表

试样	1号	2号	3号	4号	5号	6号	7号	8号	9号	10号
P										
A_f										
t										
ε_1										
ε_2										
σ_1										
σ_2										

试样	1号	2号	3号	4号	5号	6号	7号	8号	9号	10号
P_1										
P_2										
σ_t										
σ_t 平均值 =										
σ_t 标准差 =										
σ_t 离散系数 =										
ε_t										
ε_t 平均值 =										
ε_t 标准差 =										
ε_t 离散系数 =										
E_t										
E_t 平均值 =										
E_t 标准差 =										
E_t 离散系数 =										

3.4　织物宽幅、厚度、面密度测定实验

3.4.1　实验目的和要求

掌握测定玻璃纤维织物或其他纤维织物宽幅、厚度和单位面积质量的方法。

3.4.2　实验原理和方法

（1）织物宽幅可针对整卷织物用测量尺沿长度方向测量得到。

（2）织物厚度可在一个规整的织物平面上用测厚仪直接测量得到。

（3）测量织物的单位面积质量（面密度）时需剪取 100mm×100mm 的织物，并称量其质量 m，质量与面积的比值为其单位面积质量。

在一定条件下测定织物宽幅、厚度、单位面积质量有利于了解由经、纬纱松紧不匀或原纱支数不稳定而造成的材料性能波动。因此，这 3 个物理量常作为玻璃纤维织物技术指标中的主要项目。

测试参考标准《增强材料　机织物试验方法　第 1 部分：厚度的测定》（GB/T 7689.1—2013）、《增强材料　机织物试验方法　第 3 部分：宽度和长度的测定》（GB/T 7689.3—2013）、《增强制品试验方法　第 3 部分：单位面积质量的测定》（GB/T 9914.3—2013）。

3.4.3　实验仪器与材料

测量尺、数显螺旋测微器、分析天平、干燥箱、干燥器、剪刀。

3.4.4　实验内容与步骤

（1）取织物一卷，在平整桌面上展开，自然铺平，不要拉得过紧或过松。

（2）用测量尺沿织物整卷长度方向至少间隔100cm做多次测试。

（3）在距织物边沿不少于50mm处，用测量圆柱（直径16mm）夹住织物面，施加98kPa的压力，同时读取织物厚度值，精确到0.02mm；同一卷织物上间隔10mm以上测量10~20个厚度值。测量点距布卷的始端或终端不得小于300mm，距布边不得小于50mm。

（4）在自然铺平的织物上距边缘不少于50mm处用100mm×100mm硬质正方形模板和锐利剪刀剪取织物，然后在分析天平上称量剪取织物的质量，计算其单位面积质量（g/m^2）；同一卷织物上间隔100mm以上取样不测量，样品数不少于5个。取样应离开织边至少5cm，剪取的试样面积误差应小于1%，织物质量容许误差为1mg。

3.4.5　实验记录及处理

将测得的织物宽幅、厚度、织物面积以及织物质量记录在表3-6中，计算其算数平均值、标准差和离散系数。

表 3-6　织物宽幅、厚度、面密度测定数据表

试样	宽幅/mm	厚度/mm	织物质量/g	面密度/$g \cdot m^{-2}$
1 号				
2 号				
3 号				
4 号				
5 号				
6 号				
7 号				
8 号				
9 号				
10 号				
平均值				
标准差				
离散系数				

3.5　纤维与树脂溶液接触角的测定实验

3.5.1　实验目的和要求

（1）掌握测定纤维表面张力的方法。

（2）掌握接触角测定评价纤维与树脂溶液浸润性的方法。

3.5.2 实验原理和方法

液体在固体表面形成液滴并达到平衡时，在气、液、固三相交点处作气液界面的切线，该切线与固液交界线之间包含液滴的夹角称为接触角。树脂对纤维的浸润性好坏常用接触角 θ 大小来表征。虽然黏附功 W_{SL} 表征浸润性比较合理，但目前还不可能直接测定 W_{SL}，仍然需要通过接触角来表述。

$$W_{SL} = \gamma_L(1 + \cos\theta) \tag{3-16}$$

式中　γ_L——液体表面张力。

已知某液体与固体产生浸润的必要条件是 $\gamma_S > \gamma_L$，本实验要求用一系列已知表面张力的液体测量其对同一种纤维的接触角，当 γ_L 不同时，θ 也不同，以 γ_L 为纵坐标，θ 为横坐标作一条直线，将此直线延长至 $\theta = 0°$，此时的表面张力称为临界表面张力，即 $\gamma_L(0°) = \gamma_c$。通过式（3-17）认为该临界表面张力接近该固体的表面张力 γ_S。

$$\cos\theta = 1 + b(\gamma_c - \gamma_L) \tag{3-17}$$

式中　b——固体物质的特性常数。

3.5.3 实验仪器与材料

接触角测定仪、纤维支架、三级水、甘油、甲酰胺、二碘甲烷、乙二醇、树脂溶液（溶剂为丙酮或二甲苯，容器加盖抑制挥发）。

3.5.4 实验内容与步骤

（1）将纤维绷直固定在纤维支架上，调节显微镜直到有清晰的纤维图像。

（2）将待测液体滴挂在纤维丝上，形成包在纤维上的一个液珠，如图 3-5 所示。将显微镜的刻度尺对准液珠，分别求出 H、d 和 R，并按式（3-18）求出接触角：

$$\tan\frac{\theta}{2} = \frac{H - d}{R} \tag{3-18}$$

式中　θ——接触角；

　　　H——液滴的高度，mm；

　　　R——液滴的长度，mm；

　　　d——纤维直径，mm。

（3）测定同种纤维与多种已知表面张力的液体的接触角，将所测接触角和对应的表面张力作图，求得纤维表面张力 γ_S。

（4）测定纤维与未知表面张力的树脂溶液的接触角，计算树脂溶液表面张力，并评价纤维与该树脂溶液的浸润性。

3.5.5 实验记录及处理

将实验过程中使用的纤维、树脂、不同液体的表面张力以及测量得到的接触角记录在表 3-7 中，并将能恰当表达树脂对纤维浸润性能的接触角图片展示在报告中。

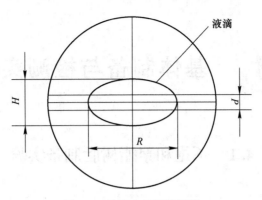

图 3-5 悬滴法显微镜视图

表 3-7 不同液体与同种纤维接触角测量表

液体种类	三级水	甘油	甲酰胺	二碘甲烷	乙二醇	树脂溶液
H/mm						
d/mm						
R/mm						
$\theta/(°)$						
$\cos\theta$						
$\gamma_L/\text{mJ}\cdot\text{m}^{-1}$	72.8	64.0	58.0	50.8	48.0	
纤维表面张力 $\gamma_S/\text{mJ}\cdot\text{m}^{-1}$						

4 基体制备与检测实验

4.1 不饱和聚酯树脂制备实验

4.1.1 实验目的和要求

（1）掌握不饱和聚酯树脂的制备原理及合成方法。
（2）掌握不饱和聚酯树脂的固化特征。

4.1.2 实验原理和方法

大分子链中含多个酯键的聚合物称为聚酯。按化学结构不同，聚酯树脂一般可分为饱和聚酯树脂和不饱和聚酯树脂两大类，其中不饱和聚酯树脂的结构中部分原子间以双键相连，在进一步加工过程中，分子中的双键可参与化学反应，一般由可溶的线型结构转变为不溶的体型结构，所以呈现热固性。

不饱和聚酯树脂通常指不饱和二元酸（或酸酐）（如顺丁烯二酸、反丁烯二酸、二烯类物质与顺酐的加成物等）、饱和二元酸与二元醇三者之间的缩聚产物，当其与乙烯基单体（最常用的为苯乙烯）按一定比例混合，在有机过氧化物引发剂（如过氧化苯甲酰）存在下即可发生共聚反应而交联，由线型结构转化为体型结构，加入促进剂（如叔胺）可使固化反应在常温下进行。通过改变缩聚反应中所用的二元酸、二元醇及乙烯基单体的品种和配比，可使树脂的性能在广阔的范围内变动，以赋予产品不同的性能及用途。

本实验相关的方程式如下所示：

$$HO-R_1-OH + HO-\overset{O}{\underset{}{C}}-R_2-\overset{O}{\underset{}{C}}-OH \rightleftharpoons \sim\sim\overset{O}{\underset{}{C}}-O\sim\sim + H_2O$$

$$\overset{O}{\triangle} + HO-\overset{O}{\underset{}{C}}-R-\overset{O}{\underset{}{C}}-OH \longrightarrow \sim\sim\overset{O}{\underset{}{C}}-O\sim\sim$$

$$HO-R-OH + \begin{matrix} HC-C \\ \parallel \\ HC-C \end{matrix}\rangle O \longrightarrow \sim\sim\overset{O}{\underset{}{C}}-O\sim\sim + H_2O$$

4.1.3 实验仪器与材料

主要仪器：三口烧瓶、烧杯、量筒、温度计（量程为 300℃）、冷凝管、可调式电加热套、50mL 碱式滴定管、250mL 锥形瓶、台式天平。

试剂：顺丁烯二酸酐（化学纯）、邻苯二甲酸酐（化学纯）、丙二醇（化学纯）。

4.1.4 实验内容与步骤

（1）如图 4-1 所示安装实验仪器。

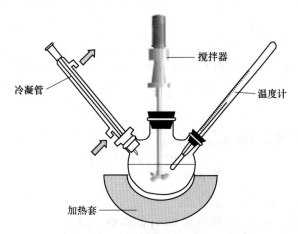

图 4-1 制备不饱和树脂的仪器安装示意图

（2）在干燥的三口烧瓶中，依次加入 16.5g 顺丁烯二酸酐、25g 邻苯二甲酸酐以及 28.25g 丙二醇。

（3）缓慢加热，同时在直型冷凝管内通冷却水，使烧瓶内液体温度在 15min 内升温到 80℃，充分搅拌，再用 45min 将温度升到 160℃。

（4）之后用 1h 将温度升到 190~200℃，并在此温度下维持反应 1h，直至烧瓶中的液体变黏且能拉成细丝，停止加热，将树脂冷却至 95℃左右。

（5）将废液倒入废液桶，收拾并整理仪器。

4.1.5 实验记录及处理

记录实验现象，计算不饱和聚酯树脂的产量及产率。

4.2 不饱和聚酯树脂酸值测定实验

4.2.1 实验目的和要求

（1）了解不饱和聚酯树脂酸值的意义和影响。

（2）掌握不饱和聚酯树脂酸值的测量方法。

4.2.2 实验原理和方法

聚酯树脂酸值的定义为中和 1g 不饱和聚酯树脂试样所需氢氧化钾（KOH）的毫克数。它表征树脂中游离羟基的含量或合成不饱和聚酯树脂时聚合反应进行的程度。酸值还分为部分酸值和总酸值，其中部分酸值指中和树脂中所有羧基、游离酸以及半数游离酐的酸值；总酸值指中和树脂中所有羧基、游离酸以及全部游离酐的酸值。

4.2.2.1　部分酸值的测量原理

将称量的树脂溶解在溶剂混合液中，然后用氢氧化钾/乙醇的标准溶液进行滴定，反应如下：

$$R\overset{\displaystyle C\!=\!O}{\underset{\displaystyle C\!=\!O}{\big\langle}}O + KOH + C_2H_5OH \longrightarrow C_2H_5OCRCOK + H_2O$$

按式（4-1）计算部分酸值 η_{PAV}：

$$\eta_{PAV} = \frac{M_{KOH}(V_1 - V_2)C}{m_1} \qquad (4\text{-}1)$$

式中　m_1——树脂试样的质量，g；

V_1，V_2——中和试样和空白试样所耗 KOH 的体积，mL；

C——KOH 溶液的浓度，mol/L；

M_{KOH}——KOH 的摩尔质量，$M_{KOH} = 56.1\text{g/mol}$。

4.2.2.2　总酸值的测量原理

将称量的树脂溶解在含水的溶剂混合液中，在用氢氧化钾/乙醇的标准溶液进行滴定前，允许游离酸酐水解 20min，反应如下：

$$R\overset{\displaystyle C\!=\!O}{\underset{\displaystyle C\!=\!O}{\big\langle}}O + 2KOH \longrightarrow KOCRCOK + H_2O$$

按式（4-2）计算总酸值：

$$\eta_{TAV} = \frac{M_{KOH}(V_3 - V_4)C}{m_2} \qquad (4\text{-}2)$$

式中　m_2——树脂试样的质量，g；

V_3，V_4——中和试样和空白试样所耗 KOH 的体积，mL。

注：若两个平行实验测定的结果误差大于 3%（相对于平均值），则需要重复操作。

4.2.3　实验仪器与材料

分析天平、锥形瓶、容量瓶、滴定管及相关分析纯化学试剂。

4.2.4　实验内容与步骤

4.2.4.1　试样准备

按照表 4-1 选择合适的试样质量。

表 4-1　试样质量的选择

预期的酸值（以 KOH 计）/mg·g^{-1}	近似的试样质量/g
0~5	≥16
5~10	8
10~25	4
25~50	2
50~100	1
>100	0.7

4.2.4.2　部分酸值的测量步骤

（1）取 1g 酚酞与 99g 乙醇混合配成滴定终点指示剂。

（2）取甲苯和乙醇，将其以体积比 2∶1 配成混合溶剂。（使用之前，先用氢氧化钾溶液中和溶剂混合液，用酚酞作为指示剂。注意当滴定纯顺丁烯二酸聚酯树脂时，使用氢氧化钾/甲醇溶液更好。）

（3）取 0.1mol/L 的 KOH/乙醇（或甲醇）标准测定液，使用当天标定其浓度，在标定过程中记录所耗 KOH 溶液的体积 V 和邻苯二甲酸氢钾的质量。

（4）取适量（1~2g）不饱和聚酯树脂盛放在容积为 250mL 的锥形瓶中，分别用 50mL 移液管取溶剂混合液注入树脂试样瓶中，摇动锥形瓶使之完全溶解。

（5）在已溶解的试样中加入至少 3 滴酚酞指示剂，并用 KOH 溶液滴定，直至溶液颜色变为红色并再摇动 10s 不褪色则结束滴定操作，记录所耗 KOH 溶液的体积 V_1。平行样测试 3 组。

（6）取 50mL 溶剂混合液，以相同的方法进行空白实验，记录所耗 KOH 溶液的体积 V_2。如果溶液混合液已进行过中和，那么空白测定时所耗 KOH 的体积为零。

4.2.4.3　总酸值的测量步骤

（1）取 1g 酚酞与 99g 乙醇混合配成滴定终点指示剂。

（2）取 400mL 吡啶、750mL 甲乙酮和 50mL 水配制成溶剂混合液。

（3）取 0.1mol/L 乙醇或甲醇的标准测定液，使用当天标定其浓度。同样记录标定过程中所耗 KOH 溶液的体积及邻苯二甲酸氢钾的质量。（使用之前，先用氢氧化钾溶液中和溶剂混合液，用酚酞作为指示剂。注意，当滴定纯顺丁烯二酸聚酯树脂时，使用氢氧化钾/甲醇溶液更好。）

（4）取适量（1~2g）不饱和聚酯树脂盛放在体积为 250mL 的锥形瓶中，分别用 60mL 移液管取溶剂混合液注入树脂试样瓶中，摇动使之完全溶解。

（5）在已溶解的试样中加入至少 5 滴酚酞指示剂，并用 KOH 溶液滴定，同时摇动，直至粉红色保持 20~30s 不褪色则结束滴定，记录所耗 KOH 溶液的体积 V_3。平行样测试 3 组。

（6）用 60mL 溶剂混合液以相同的方法进行空白实验，记录所耗 KOH 溶液的体积 V_4。如果溶液混合液已进行中和，那么空白测试所耗 KOH 的体积为零。

4.2.5　实验记录及处理

（1）在标定 KOH 溶液的浓度实验中，将邻苯二甲酸氢钾的质量和所耗 KOH 溶液的体积记录在表 4-2 中，并计算出 KOH 溶液的浓度。

表 4-2　测定 KOH 溶液浓度过程中的数据及计算结果

序号	邻苯二甲酸氢钾的质量 m/g	所耗 KOH 溶液的体积 V/mL	KOH 溶液的浓度 C/mol·L^{-1}
1			
2			
3			
平均值	—	—	

（2）在部分酸值测定实验中，将不饱和树脂质量、消耗 KOH 的体积记录在表 4-3 中，并计算部分酸值。

表 4-3　测定部分酸值过程中的数据及计算结果

序号	不饱和树脂的质量 m_1/g	试样所耗 KOH 的体积 V_1/mL	空白所耗 KOH 的体积 V_2/mL	部分酸值 η_{PAV}/mg·g^{-1}
1				
2				
3				
平均值	—	—		

（3）在总酸值测定实验中，将不饱和树脂质量、消耗 KOH 的体积记录在表 4-4 中，并计算总酸值。

表 4-4　测定总酸值过程中的数据及计算结果

序号	不饱和树脂的质量 m_2/g	试样所耗 KOH 的体积 V_3/mL	空白所耗 KOH 的体积 V_4/mL	部分酸值 η_{TAV}/mg·g^{-1}
1				
2				
3				
平均值	—	—		

4.3　线性酚醛树脂制备实验

4.3.1　实验目的和要求

（1）了解反应物的配比和反应条件对酚醛树脂结构的影响，合成线性酚醛树脂。

（2）掌握不同预聚体的交联方法。

4.3.2 实验原理和方法

酚醛树脂由苯酚和甲醛聚合得到，强碱催化的聚合产物为甲阶酚醛树脂，甲醛与苯酚物质的量比为 (1.2 ~ 3.0)：1。甲醛为 36%~50% 的水溶液，催化剂为 1%~5% 的 NaOH 或 Ca(OH)$_2$，在 80~95℃ 的条件下加热反应 3h，就得到了预聚物。为了防止反应过度和凝胶化，要真空快速脱水。预聚物为固体或液体，相对分子质量一般为 500~5000，呈微酸性，其水溶性与相对分子质量与其组成有关。交联反应常在 180℃ 下进行，并且交联和预聚物合成的化学反应是相同的。

线性酚醛树脂由甲醛和苯酚以 (0.75 ~ 0.85)：1 的物质的量比聚合得到，常以草酸或硫酸为催化剂，加热回流 2~4h，聚合反应就可以完成。催化剂的用量为每 100 份苯酚加 1~2 份草酸或不足 1 份的硫酸。由于加入甲醛的量少，只能生成低相对分子质量的线性聚合物。反应混合物在高温脱水、冷却后粉碎，混入 5%~15% 的六亚甲基四胺，加热后迅速发生交联。

本实验采用酸催化，其反应方程式如下：

酚醛树脂塑料是第一个商品化的人工合成聚合物，具有高强度、尺寸稳定性好、抗冲击、抗蠕变、抗溶剂和耐湿气等优点。大多数酚醛树脂都需要添加增强材料，通用级酚醛树脂常用黏土、矿物质粉和短纤维来增强，工程级酚醛树脂则要用玻璃纤维、石墨及聚四氟乙烯来增强，使用温度可达 150~170℃。酚醛聚合物可作为黏合剂应用于胶合板、纤维板和砂轮中，还可作为涂料，如酚醛清漆。含有酚醛树脂的复合材料可以用来制作航空飞行器，还可以做成开关、插座及机壳等。

本实验在草酸存在的条件下进行苯酚和甲醛的聚合，甲醛量相对不足，从而得到线性酚醛树脂。线性酚醛树脂可作为合成环氧树脂的原料，与环氧氯丙烷反应获得酚醛多环树脂，也可以作为环氧树脂的交联剂。

4.3.3 实验仪器与材料

仪器设备：三颈瓶、冷凝管、机械搅拌器、温度计。
化学试剂：苯酚、甲醛水溶液、二水合草酸、六亚甲基四胺。

4.3.4 实验内容与步骤

（1）接有冷凝管、搅拌器和温度计的三口瓶中加入 18.5g 苯酚（0.207mol，14.7mL），13.8g 37% 的甲醛水溶液（0.169mol，13mL），2.5mL 蒸馏水以及 0.3g 二水合草酸。

（2）水浴加热，慢慢升温到 90℃ 左右，并开动搅拌，反应混合物回流 1~1.5h。

（3）将三口瓶中反应液倒入装有 90mL 蒸馏水的烧杯中，搅拌均匀后静置，冷却至室温，分离去除水层。

（4）称取 0.5g 六亚甲基四胺粉末，加入上述步骤所得的糊状产物中，充分搅拌，观察产物的黏性变化。

（5）注意事项。

1）苯酚和甲醛都是有毒物质，在量取和实验的过程中都必须严格遵守实验操作步骤，以防中毒或腐蚀皮肤。

2）由于甲醛和苯酚都有一定的毒性，因此反应应在通风橱中进行。

3）苯酚在空气中容易被氧化，从而影响实验产品的颜色，因此在量取苯酚和将其加入三口瓶的过程中，应迅速操作并及时将试剂瓶密封。

4）实验时应该把原料加完后再加热，以保证在达到较高温度时，原料有足够的时间溶解并混合搅拌均匀。

5）最后得到的产品应放到指定的地方，不应倒入下水道，避免由于黏性造成水管堵塞。

4.3.5　实验记录及处理

记录实验现象，计算线性酚醛树脂的产量及产率。

4.4　酚醛树脂固体含量测定实验

4.4.1　实验目的和要求

（1）掌握酚醛树脂几个重要技术指标的测定方法。

（2）掌握酚醛树脂由 B 阶向 C 阶过渡时小分子释放的原理。

（3）理解树脂含量和固体含量的不同含义。

4.4.2　实验原理和方法

酚醛树脂由于苯酚上羟甲基（—CH_2OH）的作用而不同于其他树脂，在加热固化过程中两个—CH_2OH 作用将会脱下一个 H_2O 和甲醛（CH_2O），甲醛又会与树脂中苯环上的活性点反应生成一个新的—CH_2OH。酚醛树脂整个固化过程分三个阶段：A 阶、B 阶、C 阶。

A 阶树脂为酚和醛经缩聚、干燥脱水后得到的树脂，可呈液体、半固体或固体状，受热时可以熔化，但随着加热的进行，由于树脂分子中含有羟基和活泼的氢原子，其又可以较快地转变为不熔状。A 阶树脂能溶解于酒精、丙酮及碱的水溶液中，它具有热塑性，又称为可溶性树脂。

B 阶树脂为 A 阶树脂继续加热，分子上的—CH_2OH 在分子间不断相互反应而交联的产物。它的分子结构比可溶酚醛树脂要复杂得多，分子链产生支链，酚已经开始充分发挥其 3 个官能团的作用。它不能溶于碱溶液中，可以部分或全部溶于酒精、丙酮中，加热后能转变为不溶的产物。B 阶树脂热塑性较可溶性树脂差，又称为半溶性树脂。

C 阶树脂为 B 阶树脂进一步受热，交联反应继续深入，具有较大相对分子质量和复杂的网状结构。它完全硬化，失去热塑性及可溶性，为不溶的固体物质，又称为不溶性树脂。

4.4.3 实验仪器与材料

分析天平、干燥箱、秒表、称量瓶或坩埚等。

4.4.4 实验内容与步骤

4.4.4.1 树脂含量的测定

取恒重的称量瓶，称其质量为 m_1；取 1g 左右的 A 阶酚醛树脂溶液于称量瓶中，称其质量为 m_2，然后将它放入（80±2）℃的恒温烘箱中处理 60min；取出称量瓶放入干燥器中冷却至室温，称其质量为 m_3。树脂含量 R_c 指去除挥发溶剂后测出的溶液中树脂含量的百分比，即：

$$R_c = \frac{m_3 - m_1}{m_2 - m_1} \times 100\% \tag{4-3}$$

4.4.4.2 固体含量的测定

将质量为 m_3 的试样再放入（160±2）℃恒温烘箱中处理 60min；取出称量瓶在干燥器中冷却至室温后称其质量为 m_4。固体含量 S_c 是指 A 阶树脂进入 C 阶后树脂含量的百分比，即：

$$S_c = \frac{m_4 - m_1}{m_2 - m_1} \times 100\% \tag{4-4}$$

4.4.4.3 挥发分的测定

挥发分 V_c 指 B 阶树脂进入 C 阶过程中放出的水和其他可挥发的成分的质量占 B 阶树脂质量的百分比，即：

$$V_c = \frac{m_3 - m_4}{m_3 - m_1} \times 100\% \tag{4-5}$$

高温固化绝对脱水量（$m_3 - m_4$）和溶剂量（$m_2 - m_3$）与树脂溶液总量（$m_2 - m_1$）之比称为总挥发量 F_c，则：

$$F_c = \frac{m_2 - m_4}{m_2 - m_1} \times 100\% \tag{4-6}$$

由上述可知，V_c 与 F_c 有很大的区别。

4.4.5 实验记录及处理

在表 4-5 中记录实验过程中不同阶段物质的质量，并计算其树脂含量、固含量、挥发分、总挥发分等。

表 4-5 实验的数据记录及计算

序号	m_1/g	m_2/g	m_3/g	m_4/g	树脂含量 $R_c/\%$	固体含量 $S_c/\%$	挥发分 $V_c/\%$	总挥发量 $F_c/\%$
1								

续表 4-5

序号	m_1/g	m_2/g	m_3/g	m_4/g	树脂含量 $R_c/\%$	固体含量 $S_c/\%$	挥发分 $V_c/\%$	总挥发量 $F_c/\%$
2								
3								
平均值	—	—	—	—				

4.5 环氧树脂的制备与固化实验

4.5.1 实验目的和要求

（1）掌握双酚 A 型环氧树脂的实验室制法及固化过程。

（2）了解环氧树脂的合成原理、结构以及应用。

（3）掌握环氧树脂环氧值的测量方法。

4.5.2 实验原理和方法

环氧树脂是指分子中至少含有两个反应性环氧基团的树脂化合物。环氧树脂经固化后有许多突出的优异性能，如对各种材料特别是对金属的附着力很强、有卓越的耐化学腐蚀性、力学强度很高、电绝缘性好等。此外，环氧树脂可以在相当宽的温度范围内固化，而且固化时体积收缩很小。环氧树脂的上述优异特性使它有着许多非常重要的用途，广泛用于制备黏合剂（万能胶）、涂料以及复合材料等。

环氧树脂的种类繁多，为了区别，常在环氧树脂的前面加上不同单体的名称，如二酚基丙烷（简称双酚 A）环氧树脂（由双酚 A 和环氧氯丙烷制得），甘油环氧树脂（由甘油和环氧氯丙烷制得），丁烯环氧树脂（由聚丁二烯氧化而得），环戊二烯环氧树脂（由二环戊二烯环氧化制得）。此外，对于同一类型的环氧树脂也根据它们的黏度和环氧值的不同而分成不同的牌号，因此它们的性能和用途也有所差异。目前应用最广泛的是双酚 A 型环氧树脂，通常所说的环氧树脂就是双酚 A 型环氧树脂。

合成环氧树脂的方法大致可分为两类。一类是用含有环氧基团的化合物（如环氧氯丙烷）或经化学处理后能生成环氧基的化合物（如 1,3 二氯丙醇）和二元以上的酚（醇）聚合而得；另一类是使含有双键的聚合物（如聚丁二烯）或小分子（如二环戊二烯）环氧化而得。

双酚 A 型环氧树脂是环氧树脂中产量最大、使用最广的一个品种，它是由双酚 A 和环氧氯丙烷在氢氧化钠存在下反应生成的，反应如下：

$$\text{H}_2\text{C}-\text{CH}-\text{CH}_2\text{O}\left[\underset{\text{苯环}}{\text{苯环}}-\underset{\text{CH}_3}{\overset{\text{CH}_3}{\text{C}}}-\text{苯环}-\text{O}-\text{CH}_2-\underset{\text{OH}}{\text{CH}}-\text{CH}_2\text{O}\right]_n$$

式中，n 一般为 0~25。根据相对分子质量的大小，环氧树脂可以分成各种型号。一般低相对分子质量环氧树脂 n 的平均值小于 2，软化点低于 50℃，也称为软环氧树脂；中等相对分子质量环氧树脂的 n 值为 2~5，软化点为 50~95℃；而 n 大于 5 的树脂（软化点在 100℃ 以上）称为高分子量树脂。在我国，相对分子质量为 370 的产品称为环氧 618，而环氧 6101 的相对分子质量为 450~500。生产中树脂相对分子质量的大小往往是靠环氧氯丙烷与双酚 A 的用量来控制的，制备环氧 618 时这一配比为 10，而制环氧 6101 时该配比为 3。

在环氧树脂的结构中有羟基（—OH）、醚基（—O—）和极为活泼的环氧基。羟基、醚基有高度的极性，使环氧分子与相邻界面产生了较强的分子间作用力，而环氧基团则与介质表面，特别是金属表面上的游离键反应形成化学键。因而，环氧树脂具有很高的黏合力，用途很广，商业上称作"万能胶"。此外，环氧树脂还应用在涂料、层压材料、浇铸、浸渍及模具等制备中。

但是，环氧树脂在未固化前是热塑性的线型结构，相对分子质量都不高，只有通过固化才能形成体型高分子。环氧树脂的固化要借助固化剂。固化剂与环氧树脂的环氧基等反应，变成网状结构的大分子，成为不溶的热固性产品。固化剂的种类很多，主要有多元胺和多元酸，它们的分子中都含有活泼氢原子，其中用得最多的是液态多元胺类，如二亚乙基三胺和乙二胺等。环氧树脂在室温下固化时还常常需要加些促进剂如多元硫醇，以达到快速固化的目的。固化剂的选择与环氧树脂的固化温度有关，通常在常温下固化时用多元胺和多元酰胺等，而在较高温度下固化时选用酸酐和多元酸等为固化剂。

固化剂种类很多，不同固化剂的交联反应也不同。现以室温下就能固化的乙二胺为例来说明其反应过程，反应式如下：

$$\text{H}_2\text{N}-\text{CH}_2-\text{CH}_2-\text{NH}_2 + \text{H}_2\text{C}-\text{CH}-\text{} \Longrightarrow$$

乙二胺的用量按式（4-7）计算：

$$m = \frac{M}{n} \cdot E = 15E \qquad\qquad (4\text{-}7)$$

式中 m ——每 100g 环氧树脂所需乙二胺的量，g；

       M ——乙二胺的相对分子质量（60）；

       n ——乙二胺分子中活泼氢的总数（4）；

       E ——环氧树脂的环氧值。

实际使用量一般比理论计算值要高 10% 左右。固化剂用量对成品的机械性能影响很大，必须控制恰当。

固化剂的用量通常由树脂的环氧值以及所用固化剂的种类来决定。环氧值是指每 100g 树脂中所含环氧基的物质的量。应当把树脂的环氧值和环氧摩尔质量区别开来，两者关系如下：

$$环氧值 = \frac{100}{环氧摩尔质量} \qquad\qquad (4\text{-}8)$$

式中   环氧摩尔质量——含 1mol 环氧基时树脂的质量，g。

本实验中制备环氧 618 或 6101 时以乙二胺为固化剂。乙二胺分子中没有活泼氢原子，它的作用是将环氧键打开，生成氧负离子，氧负离子再打开另一个环氧键，如此反应下去，达到交联固化的目的。

4.5.3   实验仪器与材料

实验仪器：回流装置、减压装置、搅拌器等。

实验试剂：双酚 A、环氧氯丙烷、丙酮、乙二胺、氢氧化钠等。

4.5.4   实验内容与步骤

4.5.4.1   双酚 A 环氧树脂的制备

（1）在 500mL 三口瓶上装好搅拌器、冷凝管和温度计。向三口瓶中加入 11.4g（0.05mol）双酚 A，46.5g（0.5mol）环氧氯丙烷以及 0.25~0.5mL 蒸馏水（该反应为放热反应，需缓慢滴加）。

（2）称取 4.1g（0.11mol）NaOH，先加入 1/10 的 NaOH（该反应为放热反应，需缓慢滴加）并开动搅拌，缓慢加热至 80~90℃，反应过程放热并有白色物质（NaCl）生成。

（3）维持反应温度在 90℃，约 10min 后再加入 1/10 的 NaOH，以后每隔 10min 加一次 NaOH，每次加入量为 NaOH 总量的 1/10，直至将 4.1g NaOH 全部加完。继续反应 25min 后结束。此时产物为浅黄色。

（4）将反应液过滤除去副产物 NaCl，减压条件下蒸馏去除过量的环氧氯丙烷（回收）（60~70℃）。

（5）停止蒸馏，将剩余物趁热倒入小烧杯中，得到淡黄色、透明、黏稠的环氧 618 树脂，称量产量。

4.5.4.2   环氧树脂的固化

（1）在 50mL 小烧杯中加入 5g 上述环氧 618 树脂，再加入 0.5g（树脂的 10%）乙二胺，边加边搅拌搅匀。

（2）将2.5g树脂倒入干燥的小试管或其他小容器（如瓶子的内盖）中，将其放置在40℃水浴条件下反应2h，观察树脂流动性。

4.5.4.3 环氧树脂的表征

在得到的环氧树脂中加入光谱纯溴化钾，研磨后，进行红外测试，对谱图数据进行分析，确定主要环氧特征峰。

4.5.4.4 用环氧树脂黏合纸片

用一玻璃棒将环氧树脂均匀涂于纸条一端，涂抹面积约为1cm²，涂层厚度约为0.2mm，不宜过厚。将另一纸条轻轻贴上，小心固定，在室温下放置48h后观测黏合效果（将该纸片贴在实验报告上）。

4.5.4.5 环氧树脂环氧值的计算

环氧值是环氧树脂的重要性能指标，可用来鉴定环氧树脂的质量或计算固化剂的用量。

采用盐酸丙酮法测定环氧树脂的环氧值：用锥形瓶称取0.482g的环氧树脂，准确吸取15mL的盐酸丙酮溶液（1∶40）加入锥形瓶中，静置1h，然后加入两滴酚酞指示剂，用0.1mol/L的标准NaOH溶液进行滴定至粉红色，且30s内不褪色。记录所消耗NaOH的体积V_2。同时，按上述条件进行空白实验，记录所消耗NaOH的体积V_1，则环氧值为：

$$E = \frac{(V_1 - V_2)\,C_{NaOH}}{m} \times \frac{100}{1000} \tag{4-9}$$

式中　　C_{NaOH}——NaOH的浓度，mol/L；

m——环氧树脂的质量，g。

4.5.5 实验记录及处理

记录实验现象和环氧树脂红外光谱图，计算环氧树脂的产率和环氧值。红外谱图解读参考表4-6。

表4-6 环氧树脂红外光谱图解读参考表

波数/cm⁻¹	表现形式
1607、1582、1456	苯环 —C＝C— 弯曲振动
1510	对位取代苯环 —C＝C— 弯曲振动
1362	—C(CH_3) 弯曲振动
1245	脂肪芳香醚 C—O—C 反对称伸缩
1107、1036	对位取代苯环 ＝CH 面内变形
971、916、772	端基环氧环
831	对位取代苯环 ＝CH 面外变形

4.6　环氧树脂黏度的测定实验

4.6.1　实验目的和要求

（1）掌握旋转黏度计的工作原理。

（2）掌握用旋转黏度计测量环氧树脂黏度的方法。

4.6.2　实验原理和方法

流体在运动状态下抵抗剪切变形的性质称为黏性，黏性的大小用黏度表示。当黏度计的转子在某种液体中旋转时，液体会产生作用在转子上的黏性扭矩。液体的黏度越大，该黏性扭矩也越大；反之，液体的黏度越小，该黏性扭矩也越小。作用在转子上的黏性扭矩可由传感器检测出来。黏度就是由一定的系数乘以黏性扭矩得到的，其中系数取决于转速、转筒或转子类型（可查阅设备说明书）。

黏度 η 用式（4-10）定义：

$$\eta = \frac{\tau}{\dot{\gamma}} \tag{4-10}$$

式中　η ——黏度，Pa·s；

　　　τ ——剪切力，Pa；

　　　$\dot{\gamma}$ ——剪切速率，s^{-1}。

4.6.3　实验仪器及耗材

旋转黏度计（转筒型或转子型）、恒温水浴装置（精度为±0.5℃）、环氧树脂。

4.6.4　实验内容与步骤

（1）参考旋转黏度计说明书选择转筒（子）及转速，使测量读数落在黏度计满量程的20%~90%，尽可能落在45%~90%。方法技巧：1）测试低黏度液体：选择体积大的转子并设定高转速（大转子、高转速）；2）测试高黏度液体：选择体积小的转子并设定低转速（小转子、低转速）。

（2）把试样装入容器，外接循环水，水浴温度调到25℃左右。

（3）将黏度计转筒（子）垂直浸入树脂中心，浸入深度应没过转子上的刻度线，与此同时开始测量。

（4）当转筒（子）浸入试样中达8min时，开启马达，转筒（子）旋转2min后读数。读数后关闭马达，停留1min后再开启马达，旋转1min后第二次读数。

（5）每个试样测量两次，计算黏度的算术平均值，取三位有效数字。

（6）每测量一个试样后，应将黏度计转筒（子）等实验用品清洗干净。

4.6.5　实验记录及处理

将上述实验相关条件及测量计算结果记录在表4-7中。

表 4-7 数据记录及计算

室内温度		水浴温度	
试样名称		黏度计型号	
转子型号		转子转速	
测试结果 1		测试结果 2	
平均值			

4.7 环氧树脂热固化制度的制定实验

4.7.1 实验目的和要求

（1）了解环氧树脂高温固化的机理。

（2）掌握综合热分析仪操作方法及结果分析方法。

4.7.2 实验原理和方法

固化度是评价环氧树脂配方优劣的主要指标。因此，如何检测树脂的固化度和采用哪种固化制度使树脂达到指定固化度一直是复合材料研究中的两个主要问题。

无论是亲核试剂还是亲电子试剂作为固化剂，环氧树脂固化时的交联反应都会放热，因此在加热升温过程中用热分析仪对比试样与惰性参比物之间的差别，从该差别中可以分析出树脂在加热条件下交联反应的进程和反应动力学信息，由此制订出该树脂配方热交联固化时加热升温的基本程序。这个加热升温程序常被称为树脂的热固化制度，不同固化制度下的树脂固化度不同。

DTA（差热分析法）和 DSC（差示扫描量热法）曲线相似又有差别，但两者都能指示 3 个重要温度，即开始发生明显交联反应的温度 T_i、交联反应放热（或吸热）的峰值温度 T_p 和反应终止的温度 T_f。通常情况下，环氧树脂与固化剂一经混合就开始缓慢地发生交联反应，只是常温下反应很慢。曲线上的峰值温度 T_p 是仪器散热、加热、反应热效应的综合反映，可以认为是交联反应放热最多的那一时刻。随着时间的推移，试样反应热逐渐减少，系统的温度又趋于平衡，T_f 点被认定为该试样固化交联完成的标志。最典型的一个固化工艺温度如图 4-2 所示。

图中 T_1、T_2 是固化过程中选定的两个温度，$T_i < T_1 < T_p$，$T_2 \geqslant T_p$。通常通过调节 T_2 保温区持续时间的长短可以适当调节树脂的固化度。但是，影响固化的因素还有很多，如样件大小、形状、材料厚度、加热方式等。本实验仅提供一个选择固化温度的方法，它的可靠性是已得到公认的。但在实际生产过程中特别是大型构件，最佳固化制度的最终确定，还要考虑制品的传热、固化速度和热效能，以及操作的方便性等各种因素，并由制品的热性能和机械性能等实用性指标来评判是否合适。

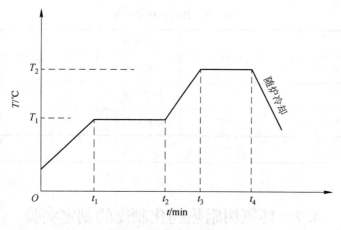

图 4-2　热固化工艺温度

4.7.3　实验仪器与材料

综合热分析仪、分析天平。

4.7.4　实验内容与步骤

4.7.4.1　环氧树脂配方的准备

环氧树脂配方的主要组分是树脂和固化剂，辅助组分有增韧剂、固化促进剂以及阻燃剂等。实验时，最好不要选择室温固化剂，也不要选择 200℃ 以上交联反应的固化剂。

（1）称取环氧树脂 E51 若干克。

（2）按环氧值计算公式得出所选胺类固化剂的用量，称取固化剂及其他所需成分。环氧值计算公式为：

$$m = \frac{M}{n} \times E \tag{4-11}$$

式中　m——每 100g 环氧树脂所需胺类固化剂的质量；

　　　M——固化剂相对分子质量；

　　　n——胺基上的活泼氢原子数；

　　　E——环氧树脂的环氧值。

（3）将所有成分放入容器中混合均匀，待用。

4.7.4.2　热分析实验

进行热分析实验时，根据实验室仪器状况，测试材料的 DTA 或 DSC 曲线均可。

（1）打开循环水泵电源开关（先上后下），轻按面板上"OK"钮，使水温升高到设定温度。

（2）打开仪器电源开关，等面板指示灯亮后，左手按住样品杆上升按钮，同时右手按住仪器升降按钮，使炉体上升到顶部位置，将炉体转向左侧。

（3）打开加热炉，轻轻放入试样和参比物，试样放在 DSC 样品杆的前侧，参比物放在后侧。

（4）关好加热炉，注意不要碰坏支持器，再将炉体转向正面，左手按住下降钮，同时右手按住仪器升降按钮，使炉体下降到底部位置。

（5）打开测试软件程序，输入样品名称、操作者姓名、升温速度、实验温度范围、试样质量等参数，同时按一定流速通氮气。

（6）按动电脑上的启动键，开始实验。

（7）实验进行到 T_f 之后停止加热。

（8）如需重做实验，则必须打开加热炉，使加热炉和支持器冷却到室温，才可重复上述操作。

（9）测试结束后关闭仪器电源，关闭循环水泵电源。

4.7.4.3 注意事项

（1）实验中应检查气体的通入情况，保证气体通畅，将炉内挥发分带出炉体，起到保护作用。

（2）盛样品的坩埚放到样品杆上时，应特别小心，以防损坏样品杆。

（3）实验过程中不要碰触实验桌，以防引起仪器晃动，影响实验数据的准确性。

4.7.5 实验记录及处理

（1）记录树脂配方。

（2）记录 DSC 测试曲线图并进行如下分析。

1）从热分析曲线中找出你所选定的环氧树脂配方的 T_i、T_P 以及 T_f。

2）与同组同学比较不同条件下同一配方的 DSC 曲线的差别，了解不同操作条件对实验结果的影响。

3）假如采用你的配方制备复合材料，你将制定一个什么样的固化制度呢？详细说明其理由。

4）若将不同质量的试样在相同条件下反应，估计交联反应过程中从 T_i 到 T_f 所持续的时间与试样质量的关系。

5）从得到的 DSC 曲线上计算交联反应热，以 J/g 为单位表示。

5 计算机辅助设计实验

5.1 曲面设计实验

5.1.1 实验目的和要求

掌握曲面模型的创成式设计过程。

5.1.2 实验原理和方法

曲面造型是计算机辅助几何设计和计算机图形学的一项重要内容，主要是在计算机图像系统的环境下，对曲面的表达、创建、显示以及分析等。曲面类型按照复杂程度和计算生成方法可分为简单曲面和复杂曲面两种。简单曲面大部分是可展开曲面，这些曲面可应用软件直接进行铺层展开设计。复杂曲面通常是贝塞尔（Beziep）曲面或非均匀有理 B 样条（NURBS）曲面等。

Bezier 曲线与曲面是法国雷诺公司的 Bezier 在 1962 年提出的一种构造曲线曲面的方法，是三次曲线的形成原理。NURBS 技术提供了对标准解析几何和自由曲线、曲面的统一数学描述方法，它可通过调整控制顶点和因子，方便地改变曲面的形状，同时也可方便地转换对应的 Bezier 曲面，因此 NURBS 方法已成为曲线、曲面建模中最为流行的技术。

NURBS 用数学方法来描述形体，采用解析几何图形，曲线或曲面上的任何一点都有对应的坐标 (x,y,z)，所以具有高度的精确性。NURBS 曲面可以由任何曲线生成。对于 NURBS 曲面而言，剪切不会对曲面的 uv 方向产生影响，也就是说不会对网格产生影响，这也是通过剪切四边面来构成三边面和五边面等多边面的理论基础。

5.1.3 实验仪器与材料

计算机、CATIA 软件、鼠标上盖、游标卡尺。

5.1.4 实验内容与步骤

（1）测量鼠标上盖并创建草图。
（2）利用创建的草图创建独立曲面。
（3）利用接合等工具将独立的曲面变成一个整体曲面。
（4）将整体曲面变成实体模型。
（5）对鼠标上盖模型进行测量和曲率分析。

5.1.5 实验记录及处理

输出鼠标上盖工程图。

5.2　铺层设计实验

5.2.1　实验目的和要求

掌握铺层成型的创成式设计过程。

5.2.2　实验原理和方法

铺层成型是制造复合材料构件的主要方法。其设计与传统金属结构设计不同，需要考虑诸多因素，如多种的材料组合、材料的各向异性、材料的铺层顺序、产品的可制造性等。铺层设计过程可划分为：初步设计、详细设计、加工详细设计、加工输出 4 个阶段。在完成构件模型曲面设计和零件设计过程中，准备相关的曲面、轮廓线和实体，然后再进行复合材料设计。在初步设计阶段，通过可制造性检查，及时地预测采用什么样的复合材料才能满足复杂的曲面特性；通过可视化的纤维方向，预测在制造过程可能出现的起皱或凸起；从而在设计阶段就及时地考虑到构件的可制造性。在自动下料环节中，须向计算机输入二维平面样板数据，自动下料机通过对二维平面样板的识别，数控切割出铺层工序所需要的铺层样板，工程设计与制造同步可减少 50% 的设计和更改时间，也使设计结果更接近于真实，加工变形控制更精确，生产定义更方便、操作更简单。

5.2.3　实验仪器与材料

计算机、CATIA 软件、铺层材料数据信息、构件曲面模型。

5.2.4　实验内容与步骤

（1）创建铺层材料，对材料的模量、泊松比、密度以及复合材料的厚度、幅宽、重量、成本等进行设置。

（2）导入铺层材料，创建铺层角度，调整角度名、值、颜色等。

（3）创建层压板和铺层角度坐标系。

（4）根据已有的支撑面及轮廓定义区域组，调整铺层厚度方向。

（5）创建过渡区域，并进行结构区域连接分析。定义强制过渡点（ITP）；重新进行边界状态分析，直至满足设计要求。

（6）创建堆栈文件，修改层数量以及材料后，导入模板更新堆栈信息，通过堆栈文件创建铺层，并进行铺层生产可行性分析。

（7）创建制造文件并设置激光投影仪位置、参数信息。

（8）将每一个铺层在平面上展开，生成展开的铺层表（ply book）利用 ply book 进行铺层出图。

5.2.5　实验记录及处理

输出复合材料构件铺层表。

5.3　模具设计实验

5.3.1　实验目的和要求

掌握复合材料构件注塑模具设计方法。

5.3.2　实验原理和方法

复合材料构件的成型一般是在模具中完成，在材料成型的同时，复合材料构件的结构也随之成型。因此，模具确定了构件的几何边界，并且影响着构件的表面形态和内部质量。复合材料构件的制造工艺种类繁多，不同成型方法对模具材料和结构形式要求也不同。模压、拉挤等成型工艺所用模具多为哈夫模等组合形式模具，组合形式模具各部分需要配合精密、准确定位，因而要求模具材料具有较高的刚度、强度、硬度以及形位精度，通常组合形式模具采用钢或者铝合金作为模具材料，都具有表面光滑、致密、易于脱模、易于清理等优点，但钢的热传导系数远低于铝合金，并且钢模具制造成本较高，质量较大，因而一般选用铝合金作为厚壁复合材料构件成型模具材料。

注塑模的主要元件包括型腔和型芯，如果构件较复杂，则模具中还需要滑块、销等成型元件。浇注系统是塑料熔融物从注射机喷嘴流入模具型腔的通道。普通浇注系统一般由主流道、分流道、浇口和冷料穴 4 部分组成。主流道是熔融物从注射机进入模具的入口，浇口是熔融物进入模具型腔的入口，分流道则是主流道和浇口之间的通道。如果模具较大或者是一模多穴，可以安排多个浇口，主流道也会分出分流道，熔融物先流过主流道，然后通过分流道再由各个浇口进入型腔。模架中所有标准零件全都由模具模块提供，只需确定装配位置即可完成创建。

CATIA 提供了两个工作台来进行模具设计，分别是"型芯型腔设计"工作台和"模具设计"工作台，其中"型芯型腔设计"工作台主要是用于完成开模前的一些分析和模具分型面的设计，而"模具设计"工作台则主要是用于在创建好的分型面上加载标准模架、添加标准件、创建浇注系统及冷却系统等。

5.3.3　实验仪器与材料

计算机、CATIA 软件、构件实体模型。

5.3.4　实验内容与步骤

（1）加载构件实体模型，设置收缩率，添加缩放后实体。

（2）定义主开模方向、型芯面、型腔面、其他面及无拔模角度的面在制品模型上的位置，添加移动元素，集合型芯、型腔曲面，最后创建爆炸曲面。

（3）创建修补面和分型面。

（4）创建型芯、型腔工件。

（5）导入模架、修改型腔板和型芯板的重叠尺寸，添加、编辑标准件。

（6）创建浇注系统和冷却系统。

5.3.5 实验记录及处理

输出复合材料构件注塑模具工程图。

5.4 充填模拟实验

5.4.1 实验目的和要求

掌握树脂传递模塑（RTM）成型工艺中树脂充模的仿真模拟方法。

5.4.2 实验原理和方法

RTM 工艺采用低黏度树脂注入闭合模具中，树脂沿已预先铺设或经预成型处理的增强材料间的空隙流动并浸润增强材料，注塑完成后在模具型腔内通过模具加热固化成型。RTM 模具可采用 CAD 进行设计，适于生产形状复杂的复合材料构件，无需胶衣树脂也可获得光滑的双表面。该工艺涉及参数较多，如注射压力、模具温度、纤维预制件的渗透率、注入口和溢料口的位置等。这些工艺参数都会直接或间接影响制品的性能。如果注胶和出胶系统的选择不当，那么就会造成浇注时间过长，树脂在未充满构件之前已经有一部分固化，导致树脂流动性变差，最终使构件不能完全成型，变为废品；而且注胶系统和出胶系统选择不当，会造成树脂使用量变大，浪费树脂，甚至需要修改或设计工装/模具，从而导致工艺成本提高。此外，正确选择注胶和出胶系统还可以降低复合材料结构件在成型过程中出现的干斑数量，避免气泡的产生。对于复杂形状的结构件，合理安排注胶口和出胶口的位置和数量，适时地开启和关闭注胶口和出胶口，同样可以避免工艺过程中出现的问题，避免修改或重新设计工装/模具，提高产品质量。然而，通过大量反复实验来选定材料和确定工艺参数既费时又不经济。因此，采用有限元仿真软件对工艺进行数值仿真是实现低成本和优质复合材料构件的有效途径之一。

5.4.3 实验仪器与材料

计算机、PAM-RTM 软件、复合材料构件模型及初始模具模型。

5.4.4 实验内容与步骤

（1）根据构件结构特点，对不同区域定义产品厚度，同时考虑增强材料类型、体积分数、层积顺序以及渗透力。

（2）定义注射策略，包括注射压力、排气孔的位置以及注射浇口和流道。

（3）对构件模型进行网格划分，以保证网格的连续性、有效性。

（4）初步确定充模方案并运行工艺仿真，根据时间分布云图优化充模方案和工艺参数。

（5）根据充模方案优化模具模型。

5.4.5 实验记录及处理

输出充模时间分布云图和成型模具工程图。

5.5　固化模拟实验

5.5.1　实验目的和要求

掌握在外部热源加热的情况下复合材料固化度场的模拟方法。

5.5.2　实验原理和方法

复合材料零件的固化一般是在热压罐、热压机或者烘箱里面进行的。给定外部热源之后，复合材料会从外部向内部传热，与模具接触的复合材料部分通过热传导的方式传热，与空气接触的复合材料部分通过热对流的方式传热。复合材料的传热能力以热导率表征，纤维增强树脂基复合材料是各向异性复合材料，不同的方向热导率不同，对于单向铺层的复合材料，每一层可认为是横观各向同性材料，垂直于复合材料纤维轴向的平面为同性面，该平面上各方向热导率相同。树脂固化反应会放热，复合材料内部的温度场是外部传热和内部放热的叠加。当内部温度达到复合材料的固化温度时，复合材料固化，复合材料内部的固化度场与温度场的分布密切相关。

5.5.3　实验仪器与材料

计算机、ABAQUS 软件、复合材料构件模型及成型模具模型。

5.5.4　实验内容与步骤

（1）设置材料比热容、热导率属性，将树脂固化反应放热方程写入子程序。
（2）创建传热模拟分析步，设置初始增量、最大增量、最小增量等参数。
（3）选择构件与模具接触的表面为热传导表面，将固化温度曲线写入子程序，定义初始温度为室温。
（4）考虑计算精度和时间的要求，进行网格划分并提交计算。

5.5.5　实验记录及处理

输出复合材料构件内部的温度场和固化度场的分布情况。

5.6　冲压仿真实验

5.6.1　实验目的和要求

掌握复合材料构件的冲压仿真实验方法。

5.6.2　实验原理和方法

ABAQUS 冲压仿真分为小变形、大变形和含有材料破坏的大变形，都是瞬态、快速的冲击，应该使用显式分析求解器来计算。冲子是刚体，不发生变形，不考虑塑性，只设置材料的密度、弹性模量和泊松比。在冲压过程中，复合材料构件经历了弹性变形、塑性变形和损伤演变 3 个阶段。在对含有材料破坏的大变形冲压过程进行仿真时，其构件的材料属性不仅要设置密度、弹性模量和泊松比，还要设置塑性参数和剪切损伤（即断裂准则）；在对小变形和大变形无材料破坏的冲压过程进行仿真时，只需设置密度、弹性模量和泊松比，无需断裂准则。

5.6.3 实验仪器与材料

计算机、ABAQUS 软件、复合材料构件模型。

5.6.4 实验内容与步骤

（1）建立冲头几何模型，类型为离散刚性；设置复合材料构件类型为可变形。
（2）赋予材料属性，设置冲头质量，创建惯性参考点。
（3）进行模型装配，建立载荷步，创建面与面接触相互作用。
（4）设定边界和载荷条件，以及冲头对参考点初速度。
（5）考虑计算精度和时间的要求，进行网格划分并提交计算。

5.6.5 实验记录及处理

输出构件整体损伤图。

6 模型制作与翻模实验

6.1 泥条盘筑翻模实验

6.1.1 实验目的和要求

掌握软陶泥盘筑翻模方法。

6.1.2 实验原理和方法

黏土是一种很好的雕塑材料，具有可塑性强、加工制作方便、容易修改等特点。例如天津传统的"泥人张"就是选用黏性很强的黄色胶泥为原料，加入适量棉花防止开裂，同时加水浸泡，用木槌反复砸实，达到像揉面一样的感觉。黏土制作模型时一定要选用含沙量少，结构像鱼鳞状的好黏土，但使用前也要反复加工，把泥和熟。黏土一般作为雕塑、翻模用泥使用。

油泥也叫"橡皮泥"，是一种人工制造材料。油泥可塑性强，黏性、韧性比黄泥强。它在造型时使用方便，成型过程中可随意雕塑、修整，成型后不易干裂，可反复使用。油泥价格较高，易于携带，制作一些小巧、异型和曲面较多的造型更为合适。油泥的材料主要成分有滑石粉62%，凡士林30%，工业用蜡8%，油泥以在常温下的软硬和黏度适当为宜。

发泥混合石蜡适合制作较大的具有流线型表面和复杂雕刻的过渡部分的模型。发泥加热软化后很容易用手操作，而冷却后则可用于雕刻细节。

软陶泥是一种可塑性非常强的人工合成陶土，有不同的颜色和光洁度，塑性好的制品只要经轻微烘烤，就会生成质地坚硬、色彩艳丽的彩陶。软陶泥属于油性陶土、在空气中不会干燥，不会霉变，永久保存不失色。经过热固化之后，软陶可以被磨光、钻孔、上漆，适用于小型主模制作和复合材料翻模。

6.1.3 实验仪器与材料

软陶泥、天线罩、刮板、烘箱、玻璃板。

6.1.4 实验内容与步骤

将天线罩放置于玻璃板上，表面涂上脱模剂，再将软陶泥挤压成粗细均匀的泥条，并将泥条围在天线罩上，用刮板压平。

将玻璃板连同天线罩放入烘箱，110~150℃烘烤10~15min（温度和时间视软陶泥厚度和天线罩大小而定）。等温度自然降至室温时取出天线罩。烘烤后立刻打开炉门，会造成软陶因内外温差过大而导致表面开裂。

烤制后的软陶天线罩模具表面通常呈亚光效果，且光洁度较差。可通过使用砂纸（不低于 600 目）、皮革、粗布等对其打磨抛光，以改善其表面效果。

6.1.5 实验记录及处理

记录实验现象，并分析软陶天线罩模具质量。从不同角度对软陶模具拍照，并将照片展示在报告中。

6.2 石膏浇注翻模实验

6.2.1 实验目的和要求

掌握石膏浇注翻模方法。

6.2.2 实验原理和方法

石膏模具是由石膏粉和适量的水混合后结成的固体物，在石膏粉质量一定的条件下，石膏模具的气孔率与力学强度取决于制造时的润湿水量。石膏的润湿水量越少，则制出的模具密度越大，力学强度越高，气孔率愈低；若石膏模具密度小，力学强度低，气孔率高，就会变得比较松软。石膏的凝固时间与水的比例有关，水少凝固的时间短，反之，凝固时间长；与水的温度有关，水温越高，凝固越快，反之，凝固时间慢；与搅拌有关，搅拌越久、越激烈，凝固越快，反之，凝固慢；与添加的材料有关，加入盐使凝固速度加快，加入胶液则能降低它的凝固速度。石膏与水的质量比，一般为（1.2∶1）～（1.35∶1）这样的比例软硬程度适当。根据不同的用途比例又有所不同。

注浆用模：石膏∶水 = 100∶（70～80）；

压坯用模：石膏∶水 = 100∶（6～70）；

石膏母模：石膏∶水 = 100∶（30～40）。

炒制过的石膏粉极易吸潮，必须贮藏在干燥的地方。

6.2.3 实验仪器与材料

盘秤、塑料容器、石膏粉、原型。

6.2.4 实验内容与步骤

（1）分模。在原型上画出分模线，确定所需的模件数。原型放置好后，沿分模线将暂时不浇注的部分堵塞，留出需要马上浇注的部分，周围用挡板围住夹好，并涂上脱模剂（肥皂水或凡士林）。

（2）制浆。将定量的石膏粉徐徐、均匀地散布到定量的水中，石膏粉完全倒入水内后，不可立即搅拌，要静置 2～5min，然后用"枝形"工具进行搅拌，排除石膏浆中的气泡，使石膏模型内的气孔分布均匀。一般搅拌 2～5min，使石膏浆呈糊糊状的稠度，如果石膏浆过稀，在凝结前会聚集成块状疙瘩，造成模型下部石膏浆密度高，并由此出现气泡等缺陷。

（3）翻模。石膏浆从最低角注入模内，并使石膏浆慢慢流动掩盖整个原型。倒浆速度应适中，石膏还未凝结时，轻轻摇动，使石膏浆内的空气气泡浮出表面。到微微热并变硬后，再进行脱模加工（一般需 15~30min）。第一件模件的制作完成后，把模件整体翻转，除去垫、塞的物件，浇注部分的原型完全露出，可继续做第二次浇注。在已浇注成的模件上要做出数个"凹穴"，以便第二次浇注时石膏浆流入凹穴形成"突块"，作为两件拼合时自行获得合模的正确位置。凹穴要有适当的深度、斜度、圆滑度。二次浇注前，要把原型表面及空腔内的第一块模件、挡板等都涂上脱模剂，然后再进行二次浇注。按此方法可逐步完成三件或三件以上模件的制作。

（4）画中心线，修大形，雕刻加工制作。

（5）精细加工，处理表面细部结构。

（6）黏结、修补、磨光，磨光后进行表面涂饰和装饰处理。

6.2.5　实验记录及处理

记录实验现象，并分析石膏模具质量。从不同角度对石膏模具拍照，并将照片展示在报告中。

6.3　橡胶填压翻模实验

6.3.1　实验目的和要求

掌握橡胶模具制作方法。

6.3.2　实验原理和方法

生橡胶具有良好的可塑性，进行加热、加压熟化后模具的形状会固定，且弹性和柔韧性良好。然而，生胶性质极不稳定，常以生胶为基础，配以炭黑、填料、硫黄等混炼而成混炼胶。再经过加热加压处理后，便产生弹性，并具有耐热、耐寒、耐油、耐溶剂、耐磨、密封、电绝缘等重要性能。橡胶模制品特点是制造容易、外形准确、尺寸精度高、表面光亮整洁、质地致密、工艺简便、效率高。

根据橡胶模制品的类型、模具的使用条件和操作方法的不同，橡胶模主要可分为填压模、压注模和注射模。

6.3.2.1　填压模

将定量胶料或预成型半成品直接填入模具型腔中，然后合模，通过电热式平板硫化机进行加压、加热、硫化等工艺得到橡胶模制品的模具。

6.3.2.2　压注模

将混炼过的胶料或半成品装入模具料室中，通过压机将胶料由模具的浇注系统挤入模具的型腔内。

6.3.2.3　注射模

利用专用的注胶设备，将预热塑化状态的胶料强行挤压射入模具的型腔，然后硫化、起模得到制品。

6.3.3 实验仪器与材料

铝合金模框、片状生橡胶、手术刀、修模笔、水口座、热压机。

6.3.4 实验内容与步骤

6.3.4.1 焊接水口

将浇铸水口焊接在原型上，也可用牢固的黏合剂黏接。

6.3.4.2 清洁表面

压模前要保持原型表面的清洁。

6.3.4.3 割胶入箱

选择合适尺寸的铝合金箱，切两片尺寸与铝合金模框一样的生橡胶片，将焊接好浇铸水口的原型夹在生橡胶片中间，放入铝合金箱，如有空隙，需切割适当大小的生橡胶片进行填充，保证原型与生橡胶片之间没有缝隙，并在箱内四边放置好固定用的金属钉，最后关紧铝合金箱。

6.3.4.4 加热加压

将铝合金箱放置在提前预热的自动压模机中，上下同时加热、加压，温度一般控制在150℃左右，时间约45min（根据原型的大小及生橡胶片层数调整时间），加热加压完毕后铝合金箱中的生橡胶片就会硫化变硬，模具冷却后，便可将橡胶模具取出。

6.3.4.5 切割胶模

将橡胶模具中固定用的金属钉拔出，从浇铸水口处划好切割线，用手术刀将橡胶模切成上下两块，这时便可取出原型，通常将切面割成齿状或曲线状，这样可使两块橡胶模具的咬合度更紧密。切割橡胶模具时须细心操作，可在手术刀片上蘸水，保证切割的顺畅，并且注意不要划伤内部的原型，保证橡胶模不受损、变形。

6.3.5 实验记录及处理

记录实验现象，并分析橡胶模具质量。从不同角度对橡胶模具拍照，并将照片展示在报告中。

6.4 失蜡铸造翻模实验

6.4.1 实验目的和要求

掌握失蜡铸造翻模方法。

6.4.2 实验原理和方法

蜡雕是最常用的塑型工艺之一，可以运用各种雕刻、打磨工具对专用石蜡块、蜡片等材料进行雕琢，制作出蜡模，然后再运用金属铸造工艺将蜡模翻铸成金属模具。

用于手工雕刻的蜡通常硬度较高、柔韧性佳、质地细腻，雕刻时可表现更多细节；蜡的颜色多为墨绿色，相对其他色彩可更好地缓解雕刻者的视觉疲劳；雕刻用蜡的形状和型号有很多种，常见的款式有蜡砖、蜡片、蜡柱、中空蜡等，可根据作品的大小、薄厚以及款式选择合适形状的雕刻蜡。

精密铸造蜡常用于橡胶、硅胶模具注蜡成型和 3D 打印喷蜡工艺，是一种珠状的颗粒蜡；该材料主要成分为石蜡、合成树脂等，熔注温度约为 75℃。该系列蜡又细分为 K 金蜡、钢模蜡、微镶蜡、硬金蜡、镶嵌蜡等，可根据季节温度、蜡模工艺、铸造金属等的不同来选取相匹配的珠状蜡进行使用。此类铸造蜡须满足下列条件：硬度大、强度高、韧性强、熔点高、不易变形、易焊接、加热时成分变化少、膨胀系数低、燃烧后残留灰分少，同时由于使用量大，价格也相对低廉。通常情况下，制造商会用颜色区分铸造蜡系列，例如天蓝色、湖蓝色是微镶蜡，红色是钢模蜡，绿色是硬金蜡等。不同品牌的铸造蜡颜色配比也有所不同。

软蜡的硬度和熔点都较低，通常情况下可利用手温、热水、吹风机进行加热软化塑型，有部分软蜡甚至不需要加温就能够进行弯曲、折叠等操作。软蜡可以和各种压痕模具结合使用，压制出多种肌理，也可运用编织工艺制作造型，可以当成一种蜡制黏土来进行工艺操作。

失蜡铸造法是将"蜡"除去后再得到铸造形体，由于蜡的熔点较低，所以通过焙烧即可除去。失蜡铸造法是一种使用广泛且成熟精细的铸造法，它的发明大大提高了铸件的精细程度，很多精密的镶口和惟妙惟肖的造型都可以通过失蜡铸造法完成。

6.4.3   实验仪器与材料

精密铸造颗粒蜡、马弗炉、真空消泡桶、电烙铁、雕刻刀具、橡胶模具、锡铋合金、坩埚。

6.4.4   实验内容与步骤

6.4.4.1   起版

起版为首个模型制作打样，可用低熔点合金以及蜡等材料进行制作。如果起版模型是低熔点合金材质，则需要对模型进行压胶模、开模，制作出橡胶模具，然后再用真空注蜡机将蜡注入橡胶模具中，得到相同款式的蜡质模型，蜡模准备完毕后再进行失蜡铸造。如果起版模型的材料本身就是蜡，或是尼龙、树脂等低熔点材料，可以越过压胶模这一步骤，用失蜡法浇铸制作好金属成品后，再通过压模开模的方法进行橡胶模具保留。考虑到后期铸造时收缩、损耗等问题，用蜡材质起版，制作的体积一般比最终浇铸成金属的体积大 5%~10%，才能确保最终成品更加接近设计时的数据。

6.4.4.2   注蜡

调节好石蜡熔解温度，一般情况下控制温度为 73~75℃，温度越低，蜡的收缩越小，注蜡温度如果过高，蜡会流入橡胶模具的割缝中，吸入空气，冷却时在蜡中形成小气泡，影响蜡模的完整性；其次，要根据模具的形状设定注入压力、注入时间等。

注意事项如下：（1）为使蜡能够顺利充满模具内的各个部位，同时便于之后蜡模顺利脱模，在注蜡前，应在橡胶模具内部涂上滑石粉或硅酮油，可使模具内部具有一定的润滑度；（2）橡胶模具的使用温度也非常关键，同个模具注蜡的次数越多，模具越热，石蜡模型的硬化速度越慢，此时应稍作等待后再取出石蜡模型。

6.4.4.3 取蜡模、细节修整

取蜡模的时间要掌握好，过早则蜡未完全凝固，容易变形；过晚则过硬变脆，取时易碎。取时需轻拿轻放，以免石蜡模型受损。由于注蜡操作的问题，有时蜡模表面会出现一些较小的缺陷，取出后要对蜡模进行仔细检查，如果有气泡洞、斑痕、缺口等，可通过电烙铁补蜡以及刀具刮刻进行适当修补。

6.4.4.4 熔接水口

熔接水口时要注意选择铸件上最佳的进水位置，考虑是否利于浇铸完毕后打磨，要最大限度地增加流水量，同时又不能破坏原型造型。

6.4.4.5 浇冒制作

把准备好的蜡模连接在一个圆柱体上，这时的造型酷似一棵小树，蜡树根部相当于冒口，树干部是主浇道，水口是次浇道，铸件的蜡就像果实。符合流动规律的蜡树浇铸出的物品精度会更高。

操作时需注意：（1）水口不能太细且没有镜角和曲度，水口与蜡模的支干、主干焊接处要尽量平滑，如遇到形状复杂的蜡模可以设置多个水口进行辅助。支线水口长度通常情况下不超过 15mm，以免在铸造过程中过快冷却，主水口不短于 7mm。（2）种蜡树时应将蜡模按照形状、大小、种类等均衡地分布于枝干上，要注意蜡树的重心及平衡度；每个蜡模之间不能相隔太近，至少要留有 2mm 的空隙，种植好的蜡树与外面的石膏筒壁之间至少要留有 5mm 的空隙，蜡树与石膏筒底部要留有 10mm 左右的距离，如果距离太近，后期制作石膏模可能会导致模型腔壁过薄，引起破裂。（3）蜡树要做好表面清理，不得留有污渍和杂质。（4）种好蜡树后需要称重，做好记录，用于在浇铸时计算相应的金属重量。

6.4.4.6 灌浆处理

将蜡树放入钢铸筒，灌浆材料由 25%～30%熟石膏粉以及方解石、石英砂、还原剂和凝固添加剂等混合制成，这种混合的铸造粉要满足耐火耐高温、热膨胀率小、浇铸出的铸件表面光滑且易脱模等条件，称之为耐火铸粉浆材料。铸造粉与水的调和比率是每 100g 粉用 38～40g 水，水温尽量控制在 21～27℃，过高会加快凝固时间，过低则会延长凝固时间。粉与水混合搅拌后开始固化，通常情况下应在 9～10min 内将铸造粉调和成浆水并灌入钢铸筒，如果时间过短，粉与水将不能充分混合，时间过长又会影响铸造浆的流动性，可能会导致铸件细节的流失。

6.4.4.7 真空处理

真空处理是用抽真空的方式把灌浆过程中因空气的附着而产生的气泡清除掉，可以有效减少铸件上金属浇铸时产生的砂眼瑕疵等出现的概率。通常情况下要经过两次真空处理。

6.4.4.8 焙烧失蜡

铸浆硬化后将铸筒放置于焙烧炉里加热，由于蜡的熔点低，蜡树会从型腔中熔化并流出，这样便留下一个负形，成为石膏模具，并为浇铸金属液体做好了准备。

在该操作过程中有几点需要注意：（1）失蜡操作时石膏模应水口朝下放入。（2）马弗炉调温应根据浇铸的金属材质来定。（3）加热时温度需要逐渐升高，达到最高温度后要保温 3h 左右，这样可使炉内石膏模温度较为均匀，之后再让石膏模的温度降至最佳。

　　焙烧的目的一是提高模具型壳的强度，二是使模具的温度与熔金时的温度接近，这样在浇铸时就不会因为金属降温过快造成砂眼、缺蚀等瑕疵。浇铸前需把握好熔金的温度，温度不足会导致金属熔化不均，影响铸造效果；温度过高会使金属里熔点较低的元素挥发，造成砂眼。

6.4.4.9　熔炼浇铸

　　浇铸从工艺方面可分为两部分：一是熔炼，二是铸造。

　　熔炼：称量好所需的金属后，将金属放入坩埚里均匀混合熔炼后即可浇铸。为了使浇铸的物品达到理想效果，首先要了解所用金属的熔点和特性。半液态的金属溶液看似具有流动性，其实火候尚且不足，可能会导致浇铸品产生冷却麻点，更严重的还会导致产品浇铸不完整。如果金属熔液过热，有效成分挥发，就会导致过热麻点。

　　铸造：熔金后注入石膏模具内，运用真空进行铸造成型。

6.4.4.10　脱模清洗

　　铸造完成后需静置 15~30min，稍作冷却后再进行脱模清洗。铸模稍作冷却后，用自来水从底部开始冲洗，遇到冷水后，其中的金属铸件会与大部分石膏铸模分离，之后需用高压水枪喷射冲洗铸件，将附着在金属铸件上的石膏铸模清洗干净。最后，用硫酸或氢氟酸溶液浸泡金属铸件，去除金属铸件上所有的细微杂质，需要注意的是，要根据不同的金属选择不同浓度的溶液进行浸泡，浸泡时间的长短也有所不同。浸泡完毕后将金属铸件取出，用清水彻底冲洗后烘干。

6.4.4.11　执模抛光

　　先对清洗干净后的金属铸件树进行称重，以便于计算损耗量。再用剪钳等工具将金属铸件树上的金属物件一一剪掉，注意要在距离金属铸件 1.5mm 左右的水口位置进行剪切，以便留有一定空间进行后期的执模抛光等操作。将剪切下来的金属物件进行质量检查，查看物件有无砂眼、残缺、裂痕、变形、成色不足等问题。最后，将金属物件进行执模、抛光，去除水口等痕迹并进行表面的全方位整修。

6.4.5　实验记录及处理

　　记录实验现象，并分析金属模型质量。从不同角度对金属模型拍照，并将照片展示在报告中。

6.5　硅胶浇注翻模实验

6.5.1　实验目的和要求

　　掌握硅胶浇注翻模方法。

6.5.2　实验原理和方法

　　硅胶主要成分是二氧化硅，化学性质稳定，耐火耐低温，是一种高活性吸附材料，不溶于水和任何溶剂，无毒无味，弹性、柔韧性佳。硅胶配合固化剂使用，便捷且易塑型。

硅胶制品根据成型工艺的不同可以分为以下几类。

（1）塑型、模压硅胶制品。这是硅胶行业中最广泛的一种，主要用于工业配件、冰格、蛋糕模具等，在艺术设计中，也有许多硅胶制作的设计品模具和艺术品等。

（2）挤出硅胶制品。多为长条管状，可随意裁剪，常用于医疗器械、食品机械中。

（3）液态硅胶制品。通过硅胶注塑喷射成型，因其柔软的特性，多用于制作仿真人体器官等。

硅胶在未加入固化剂时，呈流动的黏稠液体状，如果需要对硅胶进行固化成型，需要将硅胶与固化剂按照 100∶2 或 100∶2.5 的比例进行配比（按照品牌说明书配置）。硅胶加入固化剂要往同一个方向搅拌均匀，如果搅拌不均，会出现部分硅胶不固化的现象。正常情况下，硅胶会在半小时后开始凝固，2~3h 后凝固完全，如需加快凝固速度，可适量多加一些固化剂，或用吹风机热风加热。用硅胶进行翻模工艺，建议在 12h 后进行脱模。如果搅拌硅胶时产生气泡，可用抽真空机进行消除。由于硅胶较为浓稠，如果需要增强流动性，可按照 100∶10 的比例加入硅油搅拌均匀。

常用的硅胶为半透明色和白色，如果想变换硅胶的颜色，可以加入专用的硅胶色膏或油画颜料，顺时针进行均匀搅拌即可。

6.5.3 实验仪器与材料

食品级硅胶、硅胶固化剂、一次性塑料杯或小塑料盆、一次性筷子、塑料积木或硬纸盒、油泥、透明胶带、剪刀、手术刀、美工刀、电子天平。

6.5.4 实验内容与步骤

（1）准备好原型，并将塑料积木围成大小适当的浇注槽。也可用硬纸壳制成大小合适的浇注盒，如果纸盒较小，需先将准备好的物件水口向下粘贴到纸盒底部，一定要固定牢，因为液态硅胶存在一定的浮力，如果粘贴不稳，物品可能会在浇注的过程中浮起，导致翻模失败。固定好物品后，再将纸盒整个粘贴成型，如果纸盒内部没有塑料膜覆盖，且不太光滑，可将其内部贴满透明胶带，这样在硅胶凝固后可以顺利脱模，同时纸盒外部的缝隙处需要全部贴上透明胶带，以防浇注时硅胶流出。

（2）根据硅胶品牌使用说明书上的要求，按比例称取适量的硅胶以及硅胶固化剂。将固化剂倒入硅胶后进行顺时针搅拌，保证固化剂和硅胶均匀融合。

（3）取适量油泥粘在原型一端，将搅拌均匀的硅胶倒入积木围槽里，先倒入一半量的硅胶，然后将准备好的原型粘在围槽的一边；此时原型的一部分需要接触到硅胶，切记不能碰到围槽的底部及四周；原型离底部至少要有 6mm 的距离，以免凝固后硅胶模具穿孔。固定好模型后，将剩余的硅胶倒入槽中，覆盖整个模型。

（4）等待硅胶凝固；不同品牌的硅胶凝固时间有所差别，建议 12h 以后取出，确保硅胶内部完全凝固，柔韧性能佳。用手术刀将硅胶切开，注意切割线为 S 形或乙形，这样可使模具契合度更高，简单的小件物品开模时不必将整个硅胶模切断，切口能将模型取出即可。油泥粘贴的位置自然形成浇铸水口。也可将一次性筷子削成尺寸合适的短棒，当作注水口通道。

将铸造蜡融化后注入硅胶模具，就可以得到蜡质模型，之后可再用失蜡法浇铸成金属；硅胶模具也可以直接注入树脂 AB 胶、水泥、石膏等成型材料，获得不同质感的模型。需要注意的是，如果原型的结构相对狭长或有小细节，手工注蜡可能会因为压力问题造成蜡质模型不完整，这时需要运用真空加压注蜡机进行蜡模的浇注。

6.5.5 实验记录及处理

记录实验现象，并分析硅胶模具质量。从不同角度对硅胶模具拍照，并将照片展示在报告中。

6.6 复合材料翻模实验

6.6.1 实验目的和要求

掌握玻璃钢翻模基本方法。

6.6.2 实验原理和方法

玻璃钢模具耐酸、碱、有机溶剂及盐类等诸多气、液介质的腐蚀，也不会发生金属模具的电化学腐蚀，更不会出现木制模具的腐烂、霉变等现象，具有制模快、形变小、质量轻、综合成本低、无电磁性、易保养等优势，比硅胶模或简易模等具备更持久的使用性，为低成本实现批量化生产制品创造了有利条件。

6.6.3 实验仪器与材料

（1）手糊工艺器材、洁净棚（温度 21~28℃、湿度 40%~60%）、空压机、CNC、抛光轮，胶衣喷枪。

（2）工艺美术石膏/代木/泡沫、腻子（也称原子灰）、橡皮胶泥、不饱和聚酯树脂、模具胶衣、模具树脂、普通树脂、固化剂、促进剂、玻纤表面毡、玻纤毡、玻纤布、砂纸、模具清洁剂、封孔剂、抛光膏、脱模蜡、胶辊、胶刷、铁辊等。

6.6.4 实验内容与步骤

6.6.4.1 主模的制作

制作主模的材料有很多，一般要求作主模的材料易成形、易修整、稳定性好，如木材、石膏、蜡等，可以根据制品图纸或模具图纸，用数控机床 CNC 机加工聚氨酯或聚苯乙烯泡沫。

6.6.4.2 主模修整

对机加工后的泡沫主模经过修整，包括原子灰填缝、整形、尺寸校正。这一过程主要是对主模表面及整体做基本的处理，以保证主模在尺寸及形式上与图纸相吻合。

6.6.4.3 主模表面处理

这一工序中有喷胶衣、胶衣固化、打磨、抛光、打脱模蜡等。在主模上喷上胶衣（胶衣的喷射遵循先难后易、先沟槽后平面的原则，尽量避免局部过厚），然后等胶衣固化，胶衣固化后就用砂纸打磨胶衣面。一般从 600 目、800 目、1000 目、1200 目、1500

目（甚至2000目）循序渐进。一般从几十目的粗砂纸一直打到一千目左右的细砂纸。打完砂纸后，开始抛光模具，最后打上脱模产品。

6.6.4.4 确定翻模方法

先确定待翻模物件是阳模还是阴模，在模型上画出半模分界线。分界线的确定条件为由半模分界线所围成的面积是该模型物的最大截面积。简单形状的物件的翻模只有两半，复杂形状的物件的翻模可能是三块或四块。准备支座，将主模放于支座上，确保翻模操作时不移动。准备简单框板，以保证在翻模时以半模分界线为一个半模的边缘。

6.6.4.5 生产模的翻制

（1）喷模具胶衣。由于开始制作生产模，所以必须使用性能较好的模具胶衣，以保证模具的最终效果。

（2）模具铺层。模具胶衣初步凝固后，就可以开始铺层了。铺层工序不能过快（当积层的巴氏硬度达到完全固化硬度的80%~90%时，就可以继续铺制下一个铺层了），要用一定量的优于普通树脂的模具树脂，即树脂中要加入促进剂与固化剂，用涂胶工具涂胶，铺一层玻纤织物涂一层胶，同时要用铁辊擀平织物，排走气泡，使胶均匀。糊制首层时纤维可选用表面毡、300g或450g的短切毡，可选强芯毡（空心微珠和有机纤维复合的结构）作为快速增厚铺层，以防止模具增强层中玻纤或夹芯材料的纹路印出，同时适当提高模具刚度。达到指定厚度后（模具的厚度要达到制品厚度的3~5倍），铺层结束。

（3）模具固化加固。模具可自然固化，也可加温固化，但一般最好有一段自然固化期。自然固化期过后，要给模具加固。模具胶衣产生裂纹的最基本原因是模具受外力变形。模具铺层加入强芯毡或轻木夹芯材料（如果制品很厚，使用高放热树脂或者生产周期短时，最好不要使用夹芯材料）可大幅度提高模具的刚性，减少在脱模过程外力对模具的损坏。无论钢架结构、胶合板的条箱结构或骨架结构，如果结构直接与模面连接，不同的热传导将引起模具表面印痕。因此在结构和模具结合部位，采用隔热材料作为加强结构的基础铺层或低导热的黏接材料。

（4）生产模的表面处理。生产模固化到要求的时间后，就可以起模，起模可以人工起模，也可用高压气起模。起模后的生产模同样需再做表面处理，包括打砂纸，抛光，洁模、封模，打脱模产品。一般从600目、800目、1000目、1200目、1500目（甚至2000目）循序渐进。打完砂纸后，开始抛光模具（羊毛盘粗抛至少两遍，抛光机作圆形螺旋状运转，再用细抛光剂细抛至模具光滑为止），洁模过程要将模具表面上的抛光剂残余或油剂等清除掉，使随后加上的封孔剂及脱模剂（蜡）可牢固地附在模具上，洁模水一般擦两遍。对于要求高精度的玻璃钢制品，需将封孔剂用纱布均匀地涂在模面上，让其干透（30~60min），再用干净干布擦至光亮。如果是新模具，要封孔4次，如果是旧模翻新，封孔两次即可。最后打上脱模产品。具体涂脱模蜡最好用纱布把适量脱模蜡包起来，然后挤过纱布均匀地涂覆到模具表面上，这样不至于脱模蜡大量散落，待其干透（30~60min），再用手包干净纱布擦或抛光机抛至光亮照人。新模具要上4~5次脱模蜡，才可使用。

（5）生产模的检验保养。模具表面必须有较高的光洁度，不允许出现发黏、折皱、起泡、剥落、干斑、分层、凹痕、纤维显露现象；必须具有合适的脱模斜度，脱模斜度一般控制在1.2°~2.8°；同时必须具有良好的边缘密封结构等。为了提高制品光洁度和提高工作效率，脱模一次要涂一次脱模剂。

6.6.5　实验记录及处理

记录实验现象，并分析玻璃钢模具质量。从不同角度对玻璃钢模具拍照，并将照片展示在报告中。

7 成型工艺实验

7.1 手糊成型工艺实验

7.1.1 实验目的和要求

（1）掌握手糊成型工艺的技术要点、操作程序和技巧。

（2）掌握合理剪裁和铺设增强纤维织物的技术。

（3）掌握配制树脂溶液的技术。

7.1.2 实验原理和方法

手糊成型工艺属于低压成型工艺，其最大特点是灵活，适宜多品种、小批量生产。此外该工艺所用设备简单、投资少、见效快，国内很多中小企业生产复合材料时仍然以手糊为主，即便是在大型企业，也经常用手糊工艺解决一些临时的、单件生产的问题。手糊过程如图 7-1 所示。

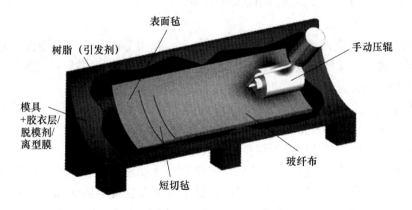

图 7-1 手糊过程示意图

7.1.3 实验仪器与材料

（1）手糊工具：辊子、毛刷、刮刀、胶桶、塑料勺。

（2）配制树脂溶液的设备：料桶、台秤、取样勺、搅拌机。

（3）模具的预处理工具：砂纸、脱膜剂。

（4）后处理工具：手持打磨机、手持切割机、砂纸、包装纸。

（5）其他材料：树脂、引发剂、促进剂等。

7.1.4 实验内容与步骤

7.1.4.1 剪裁碳纤维织物

（1）按铺层顺序选择表面毡和纤维织物，并根据织物厚度及制品厚度要求预估层数。

（2）按制品的形状、尺寸及模具的规格要求合理剪裁织物。

7.1.4.2 模具预处理

（1）实验前在实验桌上铺塑料桌布，以防污染或损坏桌面。

（2）用砂纸打磨模具表面，除去锈迹、污垢等，清洁干净后再精磨和抛光。用400号水磨砂纸小心精磨模具表面直至细腻光滑，擦净浮尘。

（3）在模具表面涂脱模剂，反复涂擦以免有遗漏。可自行配制脱模剂：将质量比为1∶1的石蜡和凡士林放在铝盒中加热到80~100℃，两者熔化成液体后搅匀，再加入0.3份煤油调匀便可使用。

（4）首先在模具表面涂刷一层胶衣树脂，当观察到胶衣树脂即将凝胶时，将表面毡轻轻铺放于模具表面。注意不要使表面毡过分变形，以贴合为宜。

7.1.4.3 树脂溶液的配制

（1）不饱和聚酯树脂配方：100g不饱和聚酯树脂需2g固化剂（过氧化甲乙酮）和1g促进剂（环烷酸钴）。先将固化剂与不饱和聚酯树脂按上述比例配合搅匀，然后加入促进剂。注意，根据实际需要调整用量。

（2）环氧树脂配方：100g环氧树脂需20~30g固化剂，将固化剂与环氧树脂混合均匀。注意，因固化剂的型号不同，用量略有不同。

7.1.4.4 手糊成型

（1）将配好的树脂溶液立即淋浇在表面毡上，并用毛刷正压（不要用力刷涂，以免表面毡走样）样品，使树脂浸透表面毡，不应有明显气泡。这一层是富树脂层，一般应保证65%以上的树脂含量。

（2）待表面毡和树脂凝胶时马上铺上第一层玻璃布，并立即涂刷树脂，一般树脂含量约为50%；紧接着依次铺设第二层、第三层，注意错开玻璃纤维织物的接缝位置，每层之间都不应有明显气泡。最外层是否需要使用表面毡应视制品要求而定。

（3）手糊完毕后须待复合材料达到一定强度后才能脱模，在这个强度时脱模操作能顺利进行且制品形状和使用强度不受损坏，低于这个强度就会造成损坏或变形。通常温度为15~25℃时固化24h即可脱模；温度在30℃以上对形状简单的制品固化10h可脱模；温度为40~50℃时，固化4h后可脱模；温度低于15℃则需要加热升温固化后再脱模。

（4）修毛边，并美化装饰。

7.1.5 实验记录及处理

将相关实验数据记录在表7-1中。记录实验过程中出现的现象，并分析出现此类现象的原因。根据实验过程及产品品质建立实验参数与产品质量的基本关系，并说明改进的方法。从不同角度对手糊制品拍照，并将照片展示在报告中。

表7-1 手糊成型工艺数据记录

样品名称	
表面毡层数	
玻璃纤维织物层数及用量/g	
成型样品质量/g	
树脂含量/%	
样品表面状态描述（包括平整度，是否有肉眼可见的气泡、分层现象等）	

7.2 真空辅助成型工艺实验

7.2.1 实验目的和要求

（1）学习真空辅助成型工艺的原理。

（2）掌握真空辅助成型工艺的操作方法和技术要点。

7.2.2 实验原理和方法

真空辅助成型也叫真空导入、真空灌注、真空注射等。它是指在模具上铺增强材料（玻璃纤维、碳纤维或夹芯材料等），然后铺真空袋，并抽出体系中的空气，在模具型腔中形成负压，利用真空产生的压力把不饱和树脂通过预铺的管路压入纤维层中，让树脂浸润增强材料，最后充满整个模具，制品固化后，揭去真空袋膜，得到所需的制品。真空辅助成型工艺示意图如图7-2所示。该法采用单面模具（就像通常的手糊和喷射模具）建立了一个闭合系统。

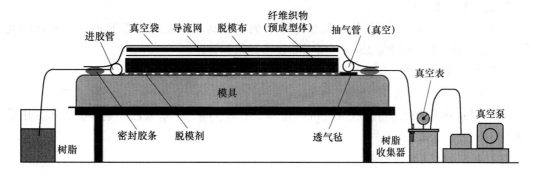

图7-2 真空辅助成型工艺示意图

真空辅助工艺能被广泛应用是有其理论基础的，即达西定律：

$$t = l \cdot h / (k \Delta p) \tag{7-1}$$

式中 t ——导入时间；

h ——树脂黏度，所用树脂的黏度越低，所需导入时间就越短，因此真空导入所用的树脂黏度一般不能太高，这样可以使树脂能够快速充满整个模具；

l ——注射长度，指树脂进料口与出料口之间的距离，注射长度越长则所需的导入时间越长；

Δp ——压力差，体系内与体系外压力差值越大，对树脂的驱动力也越大，树脂流速越快，当然所需导入时间也越短；

k ——渗透系数，表征树脂对玻璃纤维或夹芯材料等的浸润程度，k 值大说明浸润好。

因此为了使树脂在增强材料被压实的情况下方便地充满体系，一般会人为设置一些导流槽，比如在夹芯泡沫上下打孔等。

7.2.3　实验仪器与材料

（1）设备及辅料：真空泵、压力表、导流管、脱模布、导流布、真空袋、砂纸、脱膜剂、干燥箱、剪刀、钢尺、美工刀、胶水等。

（2）原料：树脂，真空导入工艺所用的树脂不能用普通的树脂来代替，它对黏度、凝胶时间、放热峰以及浸润性等有特殊的要求，具体可查阅树脂技术参数说明书。

（3）固化剂：如果是环氧树脂，要使用相应的专用固化剂；不饱和树脂常用的固化剂是过氧化甲乙酮。

（4）增强材料：一般常用的是玻璃纤维和碳纤维，具体要根据力学设计要求选择。选用增强材料时最好测试一下其渗透性。纤维在制造过程中选用的浸润剂和黏结剂会对树脂的浸润性产生影响，导致最终制品的力学性能有很大差异。

（5）夹芯材料：依据制品的需要选用合适的夹芯材料，一般常用的是 Balsa 木、PVC 泡沫、PUR/PIR 泡沫、强蕊毡等。

7.2.4　实验内容与步骤

7.2.4.1　准备模具

和其他工艺一样，高质量的模具也是必备的。模具表面要有较高的硬度和较高的光泽，并且模具边缘至少保留15cm，便于铺设密封条和管路。

清理干净模具，然后在模具表面打脱模蜡或抹脱模剂。

7.2.4.2　胶衣面施工

根据制品要求选择易打磨胶衣，可以是邻二甲苯、间二甲苯或乙烯基苯型胶衣。用手刷和喷射的方法涂覆胶衣。

7.2.4.3　铺设增强材料

根据制品强度要求选择增强材料（玻璃纤维、碳纤维、夹芯材料）。增强材料的选择对成型工艺来说是很重要的一步，虽然所有织物都可以用，但不同的材料和织造方法会影响树脂的流速。

7.2.4.4　铺设其他材料

先铺上脱模布，然后铺导流布，最后铺真空袋。在合上真空袋之前，要仔细考虑树脂和抽真空管路的走向，否则会有树脂无法浸润的地方。铺设时要非常小心，避免尖锐物刺破真空袋。

7.2.4.5 抽真空

铺完这些材料后，夹紧各进树脂管，对整个体系抽真空，尽量把体系中空气抽完，并检查整个体系的气密性。这一步很关键，如有漏气点存在，当导入树脂时，空气会进入体系，气泡会从漏气点向其他地方渗入，甚至有可能导致整个制品报废。

7.2.4.6 配制树脂

准备树脂，按凝胶时间配入相应的固化剂，切记不能忘加固化剂，否则很难弥补。一般真空导入的树脂中含有固化指示剂，可以从颜色上来判断是否加了固化剂。

7.2.4.7 导入树脂

将进树脂管路插入配好的树脂桶中，根据进料顺序依次打开夹子，注意导入树脂的量，必要时及时补充。

7.2.4.8 脱模

树脂凝胶固化到一定程度后，揭去真空袋，从模具上取出制品并进行后处理。

7.2.5 实验记录和处理

将相关实验数据记录在表7-2中，记录实验过程中出现的现象，并分析出现此类现象的原因。从不同角度对真空导入制品拍照，并将照片展示在报告中。

表7-2 真空导入成型工艺数据记录

样品名称	
树脂	
固化剂	
增强材料	
夹芯材料	
真空度	
制品品质描述（包括表面平整度，是否有肉眼可见的气泡、分层现象）	

7.3 模压成型工艺实验

7.3.1 实验目的和要求

（1）了解液压机的加压、加热工作原理。
（2）掌握复合材料模压成型工艺的操作方法。
（3）了解模压成型复合材料制品的特点。

7.3.2 实验原理和方法

模压成型工艺是将一定量的模压料放入金属对模中，在一定的温度和压力作用下将模压料固化成制品的一种方法。该工艺利用固化反应各阶段树脂的特性制备成品。当模压料在模具内被加热到一定温度时，树脂受热熔化成黏流状态，在压力作用下树脂包裹纤维一起流动直至填满模腔，此时为树脂的黏流阶段（A 阶段）；继续提高温度，树脂发生化学交联，相对分子质量增大，当分子交联形成网状结构时，其流动性很快降低直至表现出一定的弹性，此时为凝胶阶段（B 阶段）；再继续加热，树脂交联反应继续进行，交联密度进一步增加，最后失去流动性，树脂变为不溶的体型结构，此时到达了硬固阶段（C 阶段）。模压工艺中上述各阶段是连续出现的，其间无明显界限，并且整个反应是不可逆的。

模压成型工艺的成型压力比其他工艺高，属于高压成型，因此它既需要有控制压力的液压机，又需要有高强度、高精度、耐高温的金属模具。模压成型的优点是生产效率高、制品尺寸精确、表面光洁、一次成型。其缺点是模具设计和制造较复杂，初次投资高，制件易受设备的限制，所以一般适用于大批量生产的小型复合材料制品。

不同模压料的模压成型工艺参数也不相同，表 7-3 列举了几种模压料成型工艺参数。

表 7-3　模压成型工艺参数参考表

模压料品种	成型压力/MPa	成型温度/℃	保温时间/min
酚醛	30~50	150~180	$2n~15n$
环氧酚醛类	5~30	160~220	$5n~30n$
聚酯类	2~15	引发剂的临界温度加 40~70	$0.5n~1n$

注：n 为层合板厚度，mm；保温时间仅取计算后的数值。

为便于脱模，一般模压时上模温度比下模温度高 5~10℃，保温结束后，一般在加压条件下逐渐降温。

需要特别说明的是，对于常用的酚醛树脂，当其处于 A 阶段时具有明显的 B 阶段性质，且由 B 阶段向 C 阶段转变只需加热就能完成。采用 A 阶段酚醛树脂浸渍玻璃纤维及其织物的预浸料被广泛用于制作模压玻璃钢制品，这种制品在电器、汽车、机械、化工等领域中占有重要地位。B 阶段酚醛树脂分子中每两个羟甲基要脱下一个水分子和一个甲醛分子，甲醛马上与树脂中苯环上的活性点反应又生成一个羟甲基，该羟甲基与另一羟甲基再反应脱下一个水分子和一个甲醛分子，如此持续下去最终交联进入 C 阶段。这一转化过程要放出水分，如果不在高压下进行，这些水分子在高温下形成水蒸气逸出来就会使树脂形成孔泡，导致产品性能下降，因此，酚醛树脂固化需在高温、高压下完成，并且在树脂凝胶之前需提起半个模具使之多次放气，这样即使有气泡缺陷形成，也还可以通过再加压方式弥补。

7.3.3　实验仪器与材料

7.3.3.1　实验设备

油压机（液压机）、成型模具、电子天平、水浴搅拌器、烘箱、球磨机、粉碎机、剪切机、金属层剥离强度测试仪、测试夹具与仪器系统。

油压机一般由主机架、油泵、油缸、活塞、工作平台、阀门、压力指示表、加热和温控系统等组成。通常一块工作平台是固定不动的，另一块则可上下移动。

油压机的额定压力与指示表压之间的关系通常用式（7-2）计算：

$$P_c = 10^{-1} \times p_{max} \frac{\pi D^2}{4} \tag{7-2}$$

式中　P_c——油压机的额定压力，kN；

　　　p_{max}——油缸所允许的最大压强（表压），MPa；

　　　D——油缸活塞受压面直径，cm。

用式（7-3）计算模腔中模压料所受压强：

$$p = p_m \frac{\pi D^2}{4S} \tag{7-3}$$

式中　p——模压料压强，MPa；

　　　p_m——油压机指示表压，MPa；

　　　D——油缸活塞受压面直径，cm；

　　　S——模压制品或模具型腔的投影面积，m^2。

7.3.3.2　实验原料

酚醛树脂乙醇溶液、玻璃纤维或玻璃织物。

7.3.4　实验内容与步骤

7.3.4.1　预浸料制备

（1）取酚醛树脂乙醇溶液（含胶量为60%~65%）1200g，短玻璃纤维1000g。将玻璃纤维剪成20~40mm的短纤维（如是玻璃织物，可剪成20mm×20mm的碎片）。将两者在容器内混合（又称为捏合）。

（2）戴上乳胶手套在容器内揉搓，使短玻璃纤维充分浸润，该预浸料中树脂含量可达40%以上。注意：树脂太浓，纤维不能充分浸润；树脂太稀，纤维吸收不完。捞出晾干后的纤维上树脂含量偏低，纤维显现出疏松的状态。

（3）将疏松的浸上树脂的短纤维摊在平铝板上（或铁丝网上），然后将其放置在80℃的烘箱中烘30min，使纤维既不发黏，其中挥发分（含乙醇溶剂）的总量又不高于6.5%。

（4）将预浸料装塑料口袋封严待用。

7.3.4.2　模压成型试验

（1）模具准备：有封闭模腔的模具一般由阴阳模组成，首先准确测量模具型腔的容积V，然后在腔内涂脱模剂，确定没有遗漏后将阴阳模同时预热到170℃，保持30min。

（2）预浸料准备：根据式（7-4）计算预浸料质量m：

$$m = (1 + \gamma)\rho V \tag{7-4}$$

式中　γ——损耗系数，一般取值为0.05；

　　　ρ——模压成型后制品的密度，g/cm^3；

　　　V——模具型腔容积或制品实占空间体积，cm^3。

准确称取预浸料，精确到0.1g。模压料不应偏多或偏少，以免造成制品缺陷或产品尺寸不符合要求。

（3）预浸料预热：在90~110℃的条件下预热预浸料15min，然后趁模具热、模压料软时向模腔添加预浸料，迅速合模，将模具置于油压机工作平台上，轻轻加压使模压料密实。

（4）初始加压：在170℃高温下初压力不宜太高，以5~10MPa为宜，加压3~5min后将上模提起一点，第一次放气，此后每隔1min就放气一次，质量或壁厚较大的制品，放气 3～5 次即可。同时注意观察模具中挤出树脂的黏度变化。

（5）计算压强：计算模腔中模压料的压强。

（6）持续加压：掌握加压时机，当流出来的树脂黏度变大，接近凝胶状态时迅速升压，使压强达到 30～50MPa，注意表压不应超过式（7-2）计算出的油缸所允许的最大压强，保温、保压 30～60min。保温保压时注意流胶状态。

（7）随机降温，当达 80℃以下时可以脱模、修毛边。

（8）目测模压制品的外观质量，测量其密度 ρ 和外观尺寸；如果需要用模压制品进行后续实验，则应将制品放于干燥器中待用。

7.3.5 实验记录及处理

将相关实验数据记录在表 7-4 中。记录实验过程中出现的现象，并分析出现此类现象的原因。根据实验过程及产品品质建立实验参数与产品质量的基本关系，并说明改进的方法。从不同角度对模压制品拍照，并将照片展示在报告中。

表 7-4 模压成型工艺数据记录

实验设备（名称、厂家型号）_____

预 浸 料	
树脂类型及用量/g	
乙醇用量/mL	
纤维（织物）类型及用量/g	
烘干温度及时间	

模压成型工艺			
阶 段	压 力/kN	温 度/℃	时 间/min
A 阶段			
B 阶段			
C 阶段			

模压成型制品性质
样品表面状态描述（包括平整度，是否有肉眼可见的气泡、分层现象等）

7.4 缠绕成型工艺实验

7.4.1 实验目的和要求

（1）了解缠绕机的构造和各部分的作用。

（2）掌握缠绕成型工艺的特点、规律和工艺参数。

（3）学会撰写缠绕成型工艺过程说明书。

7.4.2 实验原理和方法

缠绕成型法是一种机械化程度比较高的复合材料成型工艺，最能体现复合材料的优点。缠绕成型法制得的产品强度高（可超过钛合金），这是因为在制造过程中可根据制品的受力情况，合理设计缠绕规律，所以该成型工艺适宜制造大型化工贮罐、铁路槽车以及受压容器等。

纤维缠绕成型工艺的过程是将经表面处理的连续玻璃纤维合股毛纱或玻璃织物浸渍在树脂胶液中，使树脂均匀覆盖在织物表面，然后将其按一定规律连续地缠绕在芯模（内衬）上，层叠成所需厚度，随后加热固化或常温固化，最后脱除芯模即得制品（若芯模为内衬，则不必脱除）。缠绕过程中使用的工艺流程及缠绕机如图 7-3 和图 7-4 所示。

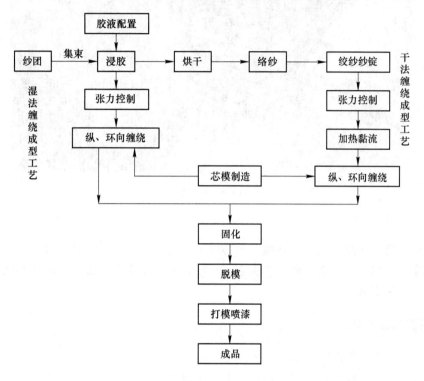

图 7-3　缠绕成型工艺流程

缠绕工艺可分为湿法、干法和半干法。

湿法是将无捻纤维浸渍树脂后直接缠绕在芯轴（内衬）上。湿法缠绕成型的优点为：（1）成本比干法缠绕低 40%；（2）产品气密性好，这是因为缠绕张力使多余的树脂胶液将气泡挤出，并填满空隙；（3）纤维排列平行度好；（4）缠绕过程中，纤维上的树脂胶液可减少纤维磨损；（5）生产效率高（达 200m/min）。湿法缠绕成型的缺点为：（1）浪费树脂，操作环境差；（2）产品含胶量及质量不易控制；（3）可供湿法缠绕的树脂品种较少。

干法缠绕成型是将浸渍了树脂的纤维加热，使树脂预固化到 B 阶段，缠绕时在纤维未进入丝嘴之前，需将树脂加热软化至黏流状态后再缠绕到芯模上。干法工艺用在产品质量和品质要求十分严格的场合。干法缠绕工艺的最大特点是生产效率高，缠绕速度可达 100~200m/min。此外其优点还有缠绕机清洁、劳动卫生条件好、产品质量高等。其缺点是缠绕设备贵，需要增加预浸纱制造设备，故投资较大；此外，干法缠绕制品的层间剪切

图 7-4   缠绕机

强度较低。

半干法缠绕是在纤维浸胶后到缠绕至芯模的过程中增加了一套烘干设备，将浸胶纤维中的溶剂除去。与干法相比，该工艺省去了预浸胶工序和相应设备；与湿法相比，可使制品中的气泡含量降低。

7.4.3   实验仪器与材料

7.4.3.1   实验设备及用品

缠绕实验机、芯模、浸胶槽、纤维支架、干燥箱。

7.4.3.2   原材料

（1）增强材料主要为无捻玻璃纤维纱。单纤维直径为 $6 \sim 8\mu m$，股数为 $10 \sim 60$ 股不等。玻璃纤维纱或织物的表面通常经过 80℃ 的脱蜡处理和化学偶联剂浸涂处理。最常用的偶联剂为 KH550 等硅烷类偶联剂。

（2）树脂胶液的选择视制品应用环境而定。例如某种受压容器的树脂胶液由 7 份双酚 A 型环氧树脂（牌号为 E42 或 E44）掺入 3 份 616 号酚醛树脂（按纯树脂计）制成，用丙酮稀释，用量大约为树脂固体总量的 30%。应根据使用环境、接触介质来选择经济、适用的树脂。

7.4.4   实验内容与步骤

7.4.4.1   结构设计

（1）内衬层：管道的内衬层在管道防渗漏与耐腐蚀方面起着关键作用，它是一层富树脂层，树脂含量为 90% 左右，用 10% 的表面毡做加强材料，表面毡厚度为 $1.55 \sim 2.5mm$。

（2）结构层：该层为纤维缠绕层，它是产品强度与刚度的关键，树脂含量为 30% 左右。

（3）外保护层：该层是管道的最外层，完全由树脂组成，其作用是防止管道受环境中腐蚀性介质的侵蚀。另外，该层中加有抗老化剂，起抗老化及增加管道使用寿命的作用。

7.4.4.2 胶液配制

按配方在常温下配制胶液，控制胶液黏度及浓度。

7.4.4.3 浸胶

浸胶过程一般在卧式浸胶槽中进行，浸渍完成后在 130℃ 左右烘干，所得浸胶材料若不经干燥直接用来缠绕则为湿法缠绕，经干燥后再缠绕者则为干法缠绕。浸胶材料的含胶量为 40%~50%，挥发分含量为 5%~7%，可溶性物质含量小于 1%，固化度大于 99%。

7.4.4.4 缠绕成型

缠绕时温度一般为（60±5）℃，缠绕线速度约为 25m/min。缠绕时的张力对制品品质有明显影响，因此要严格控制，例如对 120 股纱的浸胶材料，其缠绕起始张力环向不低于 98N，纵向不低于 78N；每两层，环向递减 9.8N，纵向递减 4.9N。缠绕过程中，浸胶材料的排布轨迹应根据所制化工设备或其他制品的性能要求专门进行设计。

7.4.4.5 固化

缠绕完毕要进一步加热固化，具体加热温度随胶液种类不同而有所不同，例如对于双酚 A 环氧树脂/616 号酚醛树脂（7/3）混合胶液，其固化条件为：以 0.5℃/min 的升温速度升高至 110℃，保温 1h，再以 0.5℃/min 的升温速度升高至 160℃，保温 5h，最后自然冷却。

7.4.4.6 脱模及后处理

固化后冷却脱模，并对制品进行打磨等后处理工序。

7.4.5 实验记录及处理

将相关实验数据记录在表 7-5 中，记录实验过程中出现的现象，并分析出现此类现象的原因。从不同角度对缠绕成型制品拍照，并将照片展示在报告中。

表 7-5 缠绕成型工艺数据记录

样品名称	
缠绕机型号及厂家	
纤维及预处理工艺	
树脂配方	
缠绕工艺参数（线速度、缠绕角、丝束张力）	
固化条件（固化剂、温度、时间）	
制品品质描述（包括平整度，是否有肉眼可见的气泡、分层现象）	

7.5 注塑成型工艺实验

7.5.1 实验目的和要求

（1）熟悉双螺杆共混挤出造粒的操作流程。

（2）掌握注塑成型工艺的操作方法和技术要点。

7.5.2 实验原理和方法

热塑性复合材料受热会软化且在外力作用下可以流动，当冷却后又能转变为固态，而塑料的原有性能不发生本质变化。注塑成型是一种重要的热塑性材料成型方法，塑料在外部设备加热及螺杆对物料的摩擦升温作用下熔化呈流动状，在螺杆推动作用下，塑料熔体通过喷嘴注入温度较低的封闭模具型腔中，冷却定型为所需制品。

注塑成型时，物料经历的主要是一个物理变化过程。物料的流变性、热性能结晶行为以及定向作用等因素对注射工艺条件及制品性质都会产生很大影响。采用注塑成型，可以制作各种不同的塑料，得到质量、尺寸、形状不同的塑料制品。

注塑成型工艺参数包括注塑成型温度、注射压力、注射速度以及时间等。要想得到满意的注塑制品，涉及的生产因素有注塑机的性能、制品的结构设计和模具设计、工艺条件的选择和控制。直接影响塑料熔体流动行为、塑料塑化状态和分解行为的因素都会影响塑料制品的外观和性能，如果塑料成型工艺参数选择不当，会导致制品性能下降，甚至不能制成一个完整的产品。

在整个成型周期中，注射时间和冷却时间最重要。它们对制品的质量有决定性作用，注射时间中的充模时间与注射充模速度成反比。注射速度主要影响塑料熔体在模腔内的压力和温度。充模时间一般为 3~5s，甚至更短。

注射时间中的保压时间是对模腔内熔料的压实时间，在整个注射过程中占的比例较大，一般为 20~120s，特别厚的制品可高达 5~10min。浇口处的熔料封冻之前，保压时间的多少对制品尺寸的准确性有影响。封冻之后，保压时间对制品尺寸无影响。保压时间的最佳值依赖料温、模温以及主浇道和浇口的大小。如果主浇道和浇口的尺寸以及工艺条件是正常的，通常将制品收缩率波动范围最小的压力值作为保压压力。

冷却时间主要取决于制品的厚度、塑料的热性能和结晶性能、模具温度等。冷却时间的终点应以制品在脱模时不引起变形为原则。冷却时间一般为 0.16~0.30s，没有必要冷却过长时间。成型周期中的其他时间则与生产过程是否连续和自动化程度有关。

在选择工艺条件时，主要从以下几个方面考虑：（1）塑料的品种，此种复合材料的加工温度范围；（2）树脂是否需要干燥，采用什么方式干燥；（3）成型制品的外观、性能及收缩率。

7.5.3 实验仪器及耗材

设备：双螺杆挤出机、注射成型机、试样模具（长条、圆片、哑铃等形状）、测温计（量程为 0~300℃，精确度为±2℃）、秒表。

原料：热塑性聚合物（ABS、PS、PE 和 PP）、增强纤维、偶联剂、抗氧剂、短切纤维（颗粒）等。

7.5.4 实验内容与步骤

7.5.4.1 挤出法制备预混料

按配方称取原料，混合均匀后加入料斗，按如下流程得到预混料粒子：设定成型温度、螺杆转速以及牵引速度等工艺参数→加料→挤出→冷却→牵引→切粒，然后烘干，备用。

7.5.4.2 注塑成型

（1）按注射成型机使用说明书或操作规程做好实验设备的检查、维护工作。

（2）按操作说明安装好试样模具。

（3）注射机温度仪指示达到实验条件时，再保持 10~20min，随后加入塑料进行对空注射。如从喷嘴流出的料条光滑明亮、无变色、无银丝、无气泡，说明料筒温度和喷嘴温度比较合适，可按该实验条件用半自动操作方式开动机器，制备试样。此后，每次调整料筒温度也应设置适当的恒温时间。在成型周期固定的情况下，用测温计测定塑料熔体的温度，制样过程中料温测定不少于两次。

（4）在成型周期固定的情况下，用测温计分别测量模具动、定模型腔不同部位的温度，测量点不少于三处，制样过程中，模温测定不少于两次。

（5）用注射时螺杆头部施加于物料的压力表示注射压力。

（6）成型周期各阶段的时间用继电器和秒表测量。

（7）制备试样过程中，模具的型腔和流道不允许涂擦润滑性物质。

（8）按测试需要制备试样，每一组试样一定要在基本稳定的工艺条件下重复进行。必须在至少舍去 5 个初始试样后才能开始取样。若某一工艺条件有变动，则该组已制备的试样作废。在去除试样的流道类赘物时，不得损伤试样本体。

7.5.4.3 注意事项

（1）因电气控制线路的电压为 220V，操作机器时，应防止人身触电事故发生。

（2）在闭合动模、定模时，应保证模具方位整体一致，避免错合损坏。

（3）应确保安装模具的螺栓、压板、垫铁牢靠。

（4）禁止在料筒温度未达到规定要求时进行注射。手动操作时在注射、保压时间未结束时不得开动预塑。

（5）主机运转时，严禁手臂及工具等硬质物品进入料斗。

（6）喷嘴阻塞时，忌用增压的办法清除阻塞物。

（7）不得用硬金属工具接触模具型腔。

（8）机器正常运转时，不应随意调整油泵溢流阀和其他阀件。

7.5.5 实验记录及处理

将相关实验数据记录在表 7-6 中，记录实验过程中出现的现象，并分析出现此类现象的原因。从不同角度对注塑成型制品拍照，并将照片展示在报告中。

表 7-6   注塑成型工艺数据记录

原料及配方	
设备名称、型号及生产厂家	
造粒和注塑技术参数	
制品品质描述（包括平整度，是否有肉眼可见的气泡、分层现象）	

7.6 层压成型工艺实验

7.6.1 实验目的和要求

（1）进行预浸布和层压板生产工艺操作训练，掌握层压板制作过程的技术要点。

（2）了解纤维织物铺层方式对层压板性能的影响。

7.6.2 实验原理和方法

层压成型是把一定层数的浸胶布（纸）叠在一起送入多层液压机，在一定的温度和压力下将其压制成板材的工艺。层压成型工艺属于干法压力成型范畴，是一种主要的制备复合材料的成型工艺。目前，国内外平板绝缘材料基本上是采用层压成型工艺生产的。不同层压方式可以生产不同用途的板材和大型结构的平行试样，用此工艺生产的复合材料制品还有印刷电路敷铜板、纺织器材、管材、鱼竿、木材三合板和五合板等。

层压工艺采用的树脂包括环氧树脂、酚醛树脂、不饱和聚酯树脂，其基本流程工艺如下：玻璃织物高温脱蜡→偶联剂处理→烘干→浸胶→烘至 B 阶段→收卷→剪裁→预浸布→铺层→层压→脱模修边。

层与层之间完全靠加温加压固化的树脂粘在一起，从而形成具有一定厚度的板。生产中除温度、压力外，预浸布中树脂含量也是一个重要影响因素。

浸胶织物的用量可用式（7-5）计算：

$$m = \rho A h \tag{7-5}$$

式中 m ——浸胶织物的质量，g；

       ρ ——层压板的密度，g/cm³；

       A ——层压板的面积，cm²；

       h ——层压板预定厚度，cm。

7.6.3 实验仪器与材料

浸胶机、层压机（油压机）、不锈钢薄板、树脂、玻璃布等。

浸胶机如图 7-5 所示，包括布架、脱蜡炉、偶联剂浸槽、烘干炉、浸胶槽、控胶辊、烘干炉、收卷架等 8 部分。

若没有浸胶机，亦可用手工法浸胶。其方法是将玻璃织物剪成一定大小的方块，然后

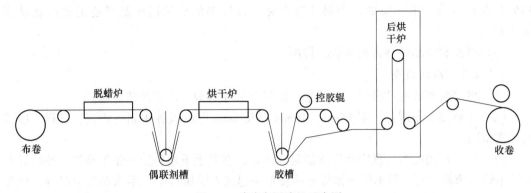

图 7-5 玻璃布浸胶机示意图

高温脱蜡，浸偶联剂，晾干或烘干。将其放在胶槽中浸透树脂，然后用圆管夹住玻璃织物，再将玻璃织物提抽而过，最后烘至 B 阶段，待用。这样做的缺点是预浸织物含胶量不均匀。

7.6.4　实验内容与步骤

7.6.4.1　制作预浸布

（1）选择玻璃布。国内的玻璃布分有碱和无碱两种，制层压板的多是无碱玻璃布。玻璃布按其规格分号，牌号越大，厚度和面密度也越大，例如 13 号布的单位面积质量为 160g/m²，18 号布的单位面积质量为 240g/m²，注意玻璃布的经纬密度。布宽有 900mm 和 1200mm 等多种。

（2）配置偶联剂水溶液。一般偶联剂溶液的浓度为 0.001~0.003。如果是酚醛树脂，则偶联剂选用 KH550；如果是环氧树脂则用 KH550 或 KH560 作偶联剂；如果是不饱和聚酯树脂，偶联剂最好用 KH570，一定不能用 KH550。

（3）配制树脂。树脂要有明显的 B 阶段，并且将预浸布在常温下存放 5~7 天。这里提供 3 个配方供学生选用：1）氨酚醛树脂的乙醇溶液，胶含量为 60%。2）环氧树脂（E44）与胶含量为 60%~65% 的氨酚醛树脂按质量比为 1∶1 混合，经 80℃ 搅拌反应后脱水 60~90min，加少量丙酮调至含胶量为 60%。3）184 号或 199 号不饱和聚酯树脂在聚合完毕时不加苯乙烯稀释就直接出料，冷却为固体，取 100 份（质量，下同）该树脂用 40 份丙酮溶解，然后加入 15~20 份邻苯二甲酸二丙烯酯（DAP）、2 份过氧化二异丙苯、0.3 份过氧化苯甲酰，搅匀即可。

（4）制备浸胶布。将脱蜡炉温度调至 400~430℃，偶联剂烘炉调至 110~120℃，胶槽后的烘炉调至 70~90℃，然后开机预浸。在收卷处取样分析其挥发分、胶含量和不溶性树脂含量。若布发黏，收卷后不易退卷，应提高后炉温度；若挥发分过高，不溶性树脂含量低于 3%，也应提高后炉温度；反之要降低温度。含胶量由控胶辊的压力装置控制，一般为 33%~37%。浸胶布牵引速度对上述 3 个指标亦有影响，一般控制在 1.0~3.0m/min 为宜，但不能一概而论，因为牵引速度受很多因素影响，如脱蜡炉的长度、浸胶槽的形式、浸渍时间、后炉温度以及树脂种类等。

浸胶布的质量指标也往往随层压制品的要求改变，不要将某些指标（如含胶量

35%左右）看成一成不变的。制品千变万化，浸胶布的质量指标最终还是要由制品要求来确定。

（5）将浸胶制品收卷密封装袋，待用。

7.6.4.2 层压成型

（1）将浸胶布放在洁净平台上铺平，按规定尺寸剪裁，注意经纬方向。

（2）计算浸胶布用量，用 15mm、10mm 以及 4mm 厚的板各压制一块复合材料，以备其他实验用。

（3）将单片预浸布按预定次序逐层对齐叠合，在其上下面各放一张聚酯膜，并将其置于两不锈钢薄板之间，将不锈钢薄板和预浸布一起放入层压机中。不锈钢板应对齐，以免压力偏斜导致试样厚度不均。

（4）分 3 个阶段加热、加压：预热阶段的温度为 100℃，压力为 5.0MPa，保温 30min；保温保压阶段时，将温度升到 165～170℃，压力为 6～10MPa，保持 60～80min；降温阶段应保压降温，待温度低于 60℃后可卸压、脱模、取板。

7.6.4.3 脱模修边

最后脱模修边，目测层压板的品质。

7.6.5 实验记录及处理

将相关实验数据记录在表 7-7 中，记录实验过程中出现的现象，并分析出现此类现象的原因。从不同角度对层压成型制品拍照，并将照片展示在报告中。

表 7-7 层压成型工艺数据记录

实验设备（名称、厂家型号）＿＿＿＿＿＿＿

预 浸 料 配 方	
型 号	用 量/g
纤维	
树脂	
助剂	

预浸料铺层	
铺层方法	层 数/层

层压工艺参数			
阶 段	压 力/MPa	温 度/℃	时 间/min
预热阶段			
保温保压阶段			
降温阶段			

脱模容易程度：＿＿＿＿＿＿＿＿＿＿＿＿＿＿＿＿＿＿＿＿

层压制品质量表征	
制品品质描述（包括平整度，是否有肉眼可见的气泡、分层现象）	

7.7 喷射成型工艺实验

7.7.1 实验目的和要求

（1）了解喷射成型工艺的技术要点及操作流程。

（2）掌握喷射成型工艺参数与制品性能之间的关系。

（3）学会撰写喷射成型工艺设计说明书。

7.7.2 实验原理和方法

喷射成型工艺是将混有引发剂和促进剂的两种聚酯分别从喷枪两侧喷出，同时将切断的玻璃纤维粗纱从喷枪中心喷出，使其与树脂均匀混合，沉积到模具上，当沉积到一定厚度时，用辊轮压实，使树脂浸透纤维，排除气泡，固化后成制品，其工艺流程如图 7-6 所示。

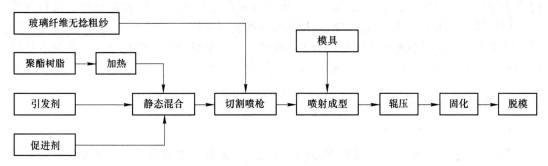

图 7-6 喷射成型工艺流程

喷射成型技术是手糊成型工艺的改进，为半机械化工艺。喷射成型技术被广泛用来制造复合材料。目前喷射成型产品包括浴盆、机器外罩、整体卫生间、汽车车身构件及大型浮雕制品等。

喷射成型的优点为：（1）用玻璃纤维粗纱代替织物，可降低材料成本；（2）生产效率比手糊高 2~4 倍；（3）产品整体性好，无接缝，层间剪切强度高，树脂含量高，抗腐蚀、耐渗漏性好；（4）可减少飞边、裁布屑及剩余胶液；（5）产品尺寸、形状不受限制。

喷射成型缺点为：（1）树脂含量高，制品强度低；（2）产品只能做到单面光滑；（3）污染环境，对工人健康有害。

7.7.3 实验仪器与材料

喷射成型设备（见图 7-7）、纤维材料、树脂材料。

喷射机主要由树脂喷射系统和无捻粗纱切割喷射系统组成。其功能是使从纤维切割器喷射出的、与树脂成一定质量比的专用短切玻璃纤维无捻粗纱纱段均匀地洒落在由树脂喷枪喷射出的、含有各种助剂的树脂微粒形成的扇面上，然后将两者同时喷射到模具型面上，经过轧辊、挤压、固化、脱模成为玻璃钢制品。注意：为避免压力波动，喷射机应由

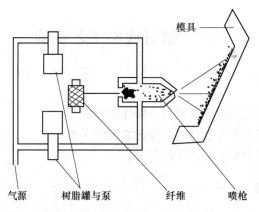

图 7-7　喷射成型工艺设备

独立管路供气，气体要彻底除湿，以免影响固化。

喷射用的树脂主要是不饱和聚酯树脂，与手糊所用的树脂主要在黏度上有所区别。有时为了降低生产成本或满足产品本身的需求会在树脂里加入滑石粉或碳酸钙、碳粉等填料。但这样对树脂的要求更高，同时会损坏设备的密封系统。

喷射工艺所使用的增强纤维材料为无捻粗纱，要能满足喷射工艺的要求，如具有良好的切断性、分散性以及浸渍性等。喷射纤维纱一定要保持干燥。

7.7.4　实验内容与步骤

7.7.4.1　模具预处理

若使用旧模具，可以使用温水或洁模剂将模具表面的灰尘清除干净。干燥后打上脱模蜡或半永久性脱模剂，一般半永久性脱模剂需配合封孔剂使用。如果是新模具，建议先使用封孔剂封孔，防止黏模。

7.7.4.2　上胶衣

可以采用手刷、小喷壶喷射或喷枪喷涂等方式上胶衣。胶衣层厚度为 0.4mm 即可，手糊胶衣厚度会高。如采用喷射工艺，则一定要使用喷射型胶衣。

7.7.4.3　喷射成型

喷射工艺需用 INDY-X-CHOPPER 设备喷射出短切玻璃纤维，一般喷至厚度为 3cm 左右，用消泡辊将短切玻璃纤维压实。若制品较薄可一次性喷射到位，若制品较厚，还需等放热后再进行下步操作，直至达到所需厚度。喷射的过程中也可以加入一些强芯毡、泡沫夹芯、轻木夹芯、预埋件或加强筋等。喷射成型的工艺参数按下列要求调控。

（1）纤维调控：纤维含量通常控制在 30% 左右，低于 25% 时，辊压方便，但制品强度低；含量高于 45% 时，辊压脱泡困难。长度以 25mm 为宜。

（2）树脂调控：不饱和聚酯树脂含量约为 60%，含胶量低，则胶分布不均，黏结不牢靠。引发剂用量根据环境温度和制品要求控制在 0.5%～4%。促进剂含量一般固定。胶液黏度控制原则是易于喷射雾化、易于浸渍玻璃纤维、易于排出气泡而又不易流失，黏度一般为 0.3～0.8Pa·s。触变指数以 1.5～4 为宜。

（3）喷射量：在喷射过程中，应始终保持胶液喷射量与纤维切割量的比例适宜。胶液喷射量是通过柱塞的行程和速度来调控的。喷射量与喷射压力、喷射直径有关，喷射直径在 1.2~3.5mm 可使喷胶量在 8~60g/s 变化。

（4）喷射夹角：喷射夹角对树脂与引发剂在枪外混合均匀度影响极大，不同夹角喷射出来的树脂混合交距不同，为了操作方便，一般选用 20°夹角为宜。喷射枪口与成形表面距离为 350~400mm。操作距离的确定主要考虑产品形状和树脂液飞矢等因素，如果改变操作距离，则需要调整喷枪夹角以保证树脂在靠近成形面处交集混合。

（5）喷雾压力：调整喷雾压力保证两种树脂成分均匀混合，同时还要使得树脂损失最小。压力太小，混合不均匀；压力太大，树脂流失过多。合适的压力与胶液黏度有关，若黏度为 0.2Pa·s，雾化压力为 0.3~0.35MPa。

7.7.4.4 成型固化脱模

成型环境温度控制在 20~30℃，温度再升高，会导致固化快，系统易堵塞；温度过低，胶液黏度大，浸润不均，固化慢。固化脱模后根据要求修边、裁剪、对工装件打孔以及抛光等。

7.7.4.5 注意事项

（1）环境温度应控制在（25±5）℃：温度过高，易引起喷枪堵塞；温度过低，会造成混合不均匀，固化慢。

（2）喷射机系统内不允许有水分，否则会影响产品品质。

（3）成型前，模具上先喷一层树脂，然后再喷树脂纤维混合层。

（4）喷射成型前，先调整气压，控制树脂和玻璃纤维含量。

（5）喷枪要均匀移动，防止漏喷，不能走弧线，两行之间的重叠区域小于 1/3，要保证覆盖均匀和厚度均匀。

（6）喷完一层后，立即用辊轮压实，要注意棱角和凹凸表面，保证每层压平，排出气泡，防止带起纤维造成毛刺。

（7）每层喷完后，要进行检查，合格后再喷下一层。

（8）最后一层要喷薄些，使表面光滑。

（9）喷射机用完后要立即清洗，防止树脂固化，损坏设备。

7.7.5 实验记录及处理

将相关实验数据记录在表 7-8 中，记录实验过程中出现的现象，并分析出现此类现象的原因。从不同角度对喷射成型制品拍照，并将照片展示在报告中。

表 7-8 喷射成型工艺数据记录

原料			
树脂（名称、型号）		树脂黏度/Pa·s	
纤维（名称、型号）		纤维长度/mm	
促进剂（名称、型号）		引发剂（名称、型号）	
固化剂		胶衣	
具体配方			

喷射成型工艺参数			
喷射直径/mm		喷射量/g·s⁻¹	
喷射夹角/(°)		喷枪与表面距离/mm	
喷雾压力/MPa		环境温度/℃	

喷射成型制品质量粗检			
	品质优劣	产生原因	预防方法
流挂现象			
浸渍性			
固化均匀性			
粗纱切割形态			
是否有气泡			
厚度的均匀性			
白化、龟裂现象			

7.8　RTM 成型工艺实验

7.8.1　实验目的和要求

（1）了解 RTM 成型设备构造和各部分作用。

（2）掌握 RTM 成型工艺的技术要点、操作流程。

（3）学会撰写 RTM 成型工艺设计说明书。

7.8.2　实验原理和方法

树脂传递模塑成型（RTM，Resin Transfer Molding），是从湿法铺层和注塑工艺中演变而来的一种新的复合材料成型工艺，是介于手糊法、喷射法和模压成型之间的一种对模成型法，RTM 工艺可以生产出两面光的制品。属于这一工艺范畴的还有树脂注射工艺（resion injection）和压力注射工艺（pressure infection）。

RTM 的基本流程是在模具（见图 7-8）的型腔内预先放置增强材料（包括螺栓、螺帽、聚氨酯泡沫塑料等嵌件），合模夹紧后，在一定温度及压力下从设置于适当位置的注入孔将配好的树脂注入模具中，使之与增强材料一起固化，最后启模、脱模得到成型制品。RTM 工艺流程如图 7-9 所示。

对于小制件可以单点注射，大制件可以多点同时注射。其未来发展方向包括微机控制注射机组、增强材料预成型技术、降低模具成本、研发树脂快速固化体系、提高工艺稳定性和适应性等。

RTM 工艺的优点为：（1）无须胶衣涂层即可制备双面光滑构件；（2）能制造出具有良好表面品质、高精度的复杂构件；（3）产品成型后只需稍微修边即可；（4）模具制造与材料选择的机动性强，不需庞大、复杂的成型设备就可制造复杂的大型构件，设备和模

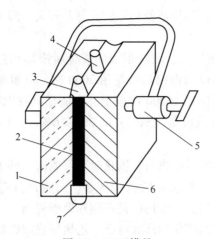

图 7-8　RTM 模具

1—模具；2—制品；3—排气口；4—浇口；5—G 形夹；6—模具或基体；7—密封物

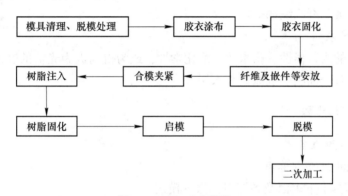

图 7-9　RTM 工艺流程

具的投资少；（5）孔隙率低（0~0.2%）；（6）纤维含量高；（7）便于使用计算机辅助设计（CAD）进行模具和产品设计；（8）易于局部增强模塑构件，可方便制造含嵌件和局部加厚构件；（9）成型过程中散发的挥发性物质很少，有利于身体健康和保护环境。

　　RTM 的缺点为：（1）加工双面模具的初始费用较高；（2）预成型坯的投资大；（3）对模具中的设置与工艺要求严格。

7.8.3　实验仪器与材料

7.8.3.1　RTM 成型设备

RTM 成型设备主要有树脂压注机和模具。

（1）树脂压注机由树脂泵、注射枪组成。树脂泵是一组活塞式往复泵，最上端是一个空气动力泵。当压缩空气驱动空气泵活塞上下运动时，树脂泵使桶中树脂流经流量控制器、过滤器，定量地抽入树脂贮存器，侧向杠杆使固化剂泵运动，将固化剂定量地抽至贮存器。压缩空气充入两个贮存器，产生与泵压力相反的缓冲力，保证树脂和固化剂能稳定地流向注射枪头。注射枪口后有一个静态紊流混合器，可使树脂和固化剂在无气状态下混合均匀，然后树脂和固化剂经枪口注入模具，混合器后面设有清洗剂入口，它与一个有

0.28MPa 压力的溶剂罐相连，当机器使用完后，打开开关，溶剂自动喷出，将注射枪清洗干净。

（2）RTM 模具分玻璃钢模具、玻璃钢表面镀金属模具和金属模具 3 种。玻璃钢模具容易制造，价格较低。聚酯玻璃钢模具可使用 2000 次，环氧玻璃钢模具可使用 4000 次。表面镀金属的玻璃钢模具可使用 10000 次以上。金属模具在 RTM 工艺中很少使用，一般来讲，RTM 的模具费仅为片状模塑（SMC）的 2%~16%。

7.8.3.2　树脂

因注射成型是在密闭的模具中进行，固化时不可能施加外力和排逸低分子物，故只能使用无溶剂和聚合时无低分子物析出的树脂体系。树脂须具有较低的黏度和较长的使用期，保证在凝胶前充满整个模具，常用的是不饱和聚酯树脂，一些对强度或其他性能有特殊要求的场合，则多采用加温固化的环氧树脂、乙烯基聚酯树脂或丁二烯树脂等。

7.8.3.3　增强材料

常用材料有无碱玻璃纤维制品、短切纤维毡、连续毡、复合毡、功能毡、无捻粗纱布、表面毡以及玻璃纤维织物等。

7.8.3.4　胶衣

为提高制件的耐气候性、耐水性、耐化学性，或为得到极为光洁的表面，在铺设增强材料前，须在模具表面喷射或涂刷胶衣层。

7.8.4　实验内容与步骤

7.8.4.1　实验准备

（1）剪一块玻璃布并称重。

（2）清理模具上下表面及各浇口，涂脱模剂。

（3）把玻璃布放入模具中，盖上上模，拧紧螺栓。

（4）按比例在树脂中加入促进剂，然后放入供料容器中。

（5）将固化剂倒入固化剂瓶中，固化剂瓶高度至少要高于出料口 5cm。

（6）将提料管插入供料容器中，调节气压阀使材料泵缓慢运动，直到清澈的树脂从回流管流出。

（7）选择固化剂比例，拔出固化剂泵上端连接件的销子，将此端对准所选固化剂比例值的位置，插入销子，再拔下固化剂泵下端连接件上的销子，固定在与上端相同值的位置。

（8）用手上下抽动固化剂泵臂，使固化剂从回流管中流出到固化剂瓶中，连续抽动，直到无气泡且稳定地流出固化剂。

7.8.4.2　RTM 注射

（1）将注射枪上的阀门和固化剂阀门置于注射位置。

（2）将主机控制面板上的注射回流开关置于注射位置。

（3）设置好固化剂的位置。

（4）按住注射枪上的气动阀门，开始注射。

（5）释放注射枪上气动阀门，停止注射。

（6）清洗枪头，步骤为：气净→丙酮清洗→气净。

（7）完成以上步骤后，将注射枪上的阀门置于回流的位置。

（8）需要注意的参数：1）在胶衣涂布和固化的工序中，胶衣厚度一般为 400～500μm；2）在纤维及嵌件等铺放过程中，一般使用预成型坯；3）合模压缩的程度因使用纤维增强材料的种类、形态、纤维含量而变化，对于短切纤维预成型坯，如果纤维体积含量为 15%，则合模压力为 49~78kPa。

（9）RTM 注射工艺参数调控：1）注胶压力。模具的压力要与模具的材料和结构相匹配，较高的压力需要高强度、高刚度的模具和较大的合模力。如果较高的注胶压力与较低的模具刚度结合，制造出的制件品质就差。2）注胶速度。注胶速度取决于树脂对纤维的润湿性、树脂的表面张力及黏度，受树脂的活性期、压注设备的能力、模具刚度、制件的尺寸和纤维含量的制约。充模的快慢对 RTM 工艺制品的品质影响也不可忽略。由于树脂完全浸渍纤维需要一定的时间和压力，较慢的充模压力和一定的充模反压有助于改善 RTM 的微观流动状况。3）注胶温度。温度高会缩短树脂的工作期，温度低会使树脂黏度增大，从而导致压力升高，阻碍树脂正常渗入纤维；温度高也会使树脂表面张力降低，使纤维床中的空气受热上升而排出气泡。因此，在未大幅缩短树脂凝胶时间的前提下，为使纤维在最小的压力下充分浸润，注胶温度应尽量接近树脂黏流时的最小温度。

7.8.4.3 后整理

（1）确保清洗剂压力调节阀门关闭，压力表指针在最小处，将阀门旋钮逆时针转到底。

（2）慢慢拉起释放阀，小心泄掉清洗罐中的压力。

（3）当清洗罐中的压力全部泄掉后打开顶盖，倒入适量的丙酮清洗，盖上顶盖。

（4）将压力阀顺时针调节到合适范围。

（5）将注射头对准一个合适的容器，交替打开清洗罐上的空气球阀与丙酮球阀，反复清洗枪头，直到清除枪体中所有残余溶剂。

7.8.4.4 卸模

（1）松开螺栓。

（2）拧紧卸模螺栓，使上下模分离，取出成品板。

（3）去除多余固化树脂，称量计算树脂含量。

（4）清理模具。

7.8.5 实验记录及处理

将相关实验数据记录在表 7-9 中，记录实验过程中出现的现象，并分析出现此类现象的原因。从不同角度对 RTM 成型制品拍照，并将照片展示在报告中。

表 7-9 RTM 成型工艺数据记录

原 料			
树脂（名称、型号）		树脂黏度/Pa·s	
纤维（名称、型号）		纤维长度/mm	

续表 7-9

原 料			
促进剂（名称、型号）		引发剂（名称、型号）	
固化剂		胶衣	
具体配方			
RTM 成型工艺参数			
注胶压力/MPa		注胶速度/L·min^{-1}	
注胶温度/℃		环境温度/℃	
RTM 成型制品品质粗检			
	品质优劣	产生原因	预防方法
分层与气泡			
表面气孔			
外观一致性			
表面光洁度			
皮层厚度的均匀性			
皮层鳞片或剥离			
制件收缩			

7.9　卷管成型工艺实验

7.9.1　实验目的和要求

（1）掌握复合材料卷管成型工艺的操作方法。
（2）了解卷管成型复合材料制品的特点及适用范围。

7.9.2　实验原理和方法

卷管工艺要根据纤维管的尺寸规格进行预浸料的裁剪，然后与纤维管的受力方向、性能要求、公差范围等多方面因素结合，进行模具的定制和铺层工艺的选择。一般卷制的芯模会选择钢制的实心棒材，铺层方向一般选择 0°、±45°、90°，利用卷管机将纤维预浸料一层层缠绕到卷管机上，并将预浸料压实，保证没有气泡，这样可以确保纤维管成型后性能稳定。固化前需要在纤维管表面覆膜加压，以帮助纤维圆管更好地成型。卷管工艺主要适用于纤维圆管或复杂的管状结构的制作，纤维方管、矩形管比较适合拉挤成型工艺，能够更好地保证尺寸精度和力学性能。

7.9.3　实验仪器与材料

铝芯轴、脱模剂、BOPP 缠绕膜、烘箱、碳纤维预浸料。

7.9.4 实验内容与步骤

7.9.4.1 模具准备

由于碳纤维将缠绕在芯轴的外侧，因此芯轴本身的外径需要与拟制造的碳纤维管的内径相匹配。碳纤维管的外径将由缠绕在芯轴上的碳纤维预浸料层数和厚度决定。铝的高热膨胀系数（CTE）使铝芯轴非常适合卷管工艺。实心铝棒也适宜使用车床车削以制造锥形或复杂形状的芯轴。清洁芯轴表面并涂敷脱模剂。

7.9.4.2 备料

编织预浸料的纤维在0°轴（管的长度方向）和90°轴（围绕管的圆周）定向，这些层为管增加了所谓的箍强度，使管不易受到挤压或爆裂和断裂的影响。在0°轴上的大部分单向预浸料使管具有纵向刚度。针对遇到扭转力的情况，单向纤维可以±45°铺层。将裁剪好的预浸料去除PE膜和离型纸，按顺序放好，注意预留搭接区（3~5mm即可）。

7.9.4.3 卷管

将芯轴平行置于第一层预浸料边沿，均匀用力，将芯轴向前卷绕。也可以利用塑料板放在芯轴上平推，便于芯轴滚动过程中受力均匀。端头部分可以多缠绕一些预浸料，方便后续脱模。然后用BOPP缠绕膜将预浸料紧紧包裹起来，以提供进一步的固结。使用BOPP缠绕膜时，确保有大量重叠很重要。胶带的每一圈只沿管子向下推进几毫米。当BOPP胶带在固化过程中收缩时，以这种方式进行大量重叠将提供更大的固结压力。

7.9.4.4 固化

与其他预浸料工艺不同，卷管工艺不需要精确的温度控制或常见的多步升温固化周期。该过程也不需要抽真空。因此，对烘箱固化卷管的两个要求是基本的温度控制和足够的尺寸以适合管子。

7.9.4.5 脱模

去除BOPP缠绕膜，抽出芯模制得纤维管，如需表层美观，可以进行打磨喷漆等处理。

7.9.5 实验记录及处理

将相关实验数据记录在表7-10中，记录实验过程中出现的现象，并分析出现此类现象的原因。从不同角度对卷管成型制品拍照，并将照片展示在报告中。

表7-10 卷管成型工艺数据记录

芯模			
材 料	外 径/mm	热膨胀系数/℃$^{-1}$	数 量/个
预浸料铺层			
铺层方法		层 数/层	

续表 7-10

卷管成型工艺参数	
温 度/℃	时 间/min
脱模容易程度：	
管卷成型制品质量表征	
制品品质描述（包括平整度，是否有肉眼可见的气泡、 分层现象）	

7.10　拉挤成型工艺实验

7.10.1　实验目的和要求

（1）掌握复合材料拉挤成型设备操作方法。

（2）掌握拉挤成型工艺中玻璃纤维纱用量计算。

7.10.2　实验原理和方法

7.10.2.1　拉挤成型原理

拉挤成型是指纤维粗纱或其织物在外力牵引下，经过浸胶、拉挤成型、加热固化、定长切割，连续生产线型制品的一种方法。它不同于其他成型工艺的地方是外力拉挤和挤压模塑，该工艺流程如下：纤维粗纱排布、浸胶、预成型、挤压模塑及固化、牵引、切割、制品。

图 7-10 为卧式拉挤成型工艺原理图。无捻粗纱纱团被安置在纱架上，然后通过导向辊和集纱器引出进入浸胶槽，浸胶树脂后的纱束通过预成型模具，它是根据制品所要求的断面形状而配置的向导装置。如成型棒材可用环形栅板，成型管可用芯轴，成型形材可用相应导向板等。在预成型模中，排除多余的树脂，并在压实的过程中排除气泡。预成型模为冷模，有水冷系统。产品经过预成型后进入成型模固化。成型模具一般由钢材制成，模孔的形状与制品断面形状一致。为减少制品通过时的摩擦力，模孔应抛光镀铬。如果模具

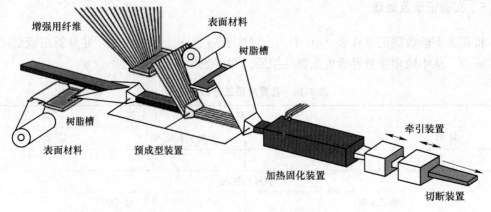

图 7-10　卧式拉挤成型原理图

较长，可采用组合模，并涂油脱模剂。成型物固化一般分为两种情况：一是成型模为热模，成型物在模中固化成型；另一种是成型模不加热或给成型物以预热，而最终制品的固化是在固化炉中完成。图 7-10 的原理是在成型模塑中固化，再由牵引装置抬出并切割成所要求的长度。

7.10.2.2 纤维纱用量计算

（1）当制品的几何形状、尺寸、纤维和填料含量确定后、纤维的用量可按式（7-6）计算：

$$\rho_{混} = \frac{1}{\left[W_t/\rho_t + (1 - W_t)/\rho_R \right](1 + V_g)} \qquad (7\text{-}6)$$

式中 $\rho_{混}$——树脂和填料混合物的密度，g/cm^3；

W_t——填料的质量分数；

ρ_t——填料的密度，g/cm^3；

ρ_R——树脂的密度，g/cm^3；

V_g——树脂与填料混合物孔隙率。

（2）如果混合物的孔隙率不知道，可以用式（7-7）计算：

$$\rho_{混} = W_{混}/V_{混} \qquad (7\text{-}7)$$

式中 $W_{混}$——树脂和填料混合物质量，g；

$V_{混}$——树脂和填料混合物体积，cm^3。

（3）纤维百分含量按式（7-8）计算：

$$V_f = \frac{W_f/\rho_f}{\left[W_f/\rho_f + (1 - W_f)/\rho_{混} \right](1 + V_{gc})} \qquad (7\text{-}8)$$

式中 V_f——纤维体积含量，%；

W_f——纤维质量含量，%；

V_{gc}——纤维、填料和树脂复合后的孔隙率；

$\rho_{混}$——树脂和填料混合物密度，g/cm^3。

（4）拉挤制品所用纱团数按式（7-9）计算：

$$N = \frac{100 A \beta_f \rho_f V_f}{K} \qquad (7\text{-}9)$$

式中 A——制品截面积，cm^3；

β_f——纤维支数，m/g；

ρ_f——纤维密度，g/cm^3；

V_f——纤维体积含量，%；

K——纤维股数；

N——制品所用纱团数。

7.10.3 实验仪器与材料

磅秤、搅拌机、配胶桶、纱架、树脂浸渍装置、预成型导向装置、带加热控制的金属模具（含预成型模具、成型模）、固化炉、牵引设备、切割设备。

7.10.4 实验内容与步骤

7.10.4.1 排纱

将纱筒放在旋转芯轴上，从纱筒外壁引出纤维，穿过纱架后，通过专用导纱环、导向辊进入树脂槽。

7.10.4.2 浸胶

按表7-11准备原料，称取树脂加入色浆及辅助剂搅拌5~10min，依次加入低收缩添加剂、偶联剂、阻燃剂，搅拌约5~10min。保持搅拌状态，再加入内脱模剂、引发剂和干燥填料（（110±5）℃，0.5h），继续搅拌5~10min，注入浸胶槽浸渍纤维，并通过挤胶辊控制树脂含量。胶液应连续不断地循环更新，以防止溶剂挥发造成树脂黏度增大。

表7-11 拉挤玻璃钢门窗的一般配方 （质量份）

原料	196号树脂	引发剂	填料	阻燃剂	偶联剂	内脱模剂	低收缩添加剂	色浆及辅助剂
用量	100	2~3	20~30	20~30	0.5~1	1~3	10~15	2~3

7.10.4.3 模具预热

打开拉挤设备总电源，按下加热按钮，按表7-12依次进行模具温区设置。当温度显示在设定值左右时，将拉过分栅板、模具的浸胶纱束放入牵引夹具后，启动牵引装置。

表7-12 模具温区设置表

拉挤速度/m·min⁻¹	Ⅰ区温度/℃	Ⅱ区温度/℃	Ⅲ区温度/℃	固化时间/min	放热峰温度/℃	出口温度/℃
0.27~0.31	100~104	127~140	123~125	2.75~3.50	204~210	189~205

7.10.4.4 固化切割

浸胶纱束从预成型模具拉出后，进入加热模具，在模具中固化成型。保持牵引装置连续牵引，当试样达到所需尺寸时，进行定长切割。

7.10.5 实验记录及处理

将相关实验数据记录在表7-13中，记录实验过程中出现的现象，并分析出现此类现象的原因。从不同角度对拉挤成型制品拍照，并将照片展示在报告中。

表7-13 拉挤成型工艺数据记录

拉挤设备型号及厂家	
纤维型号及数量	
树脂配方	
拉挤工艺参数（热参数、拉挤速度、牵引速率、模具温度、预热压保温时间，后固化温度和保温时间）	
制品品质描述（包括是否有肉眼可见的表面起皮、裂缝、扭曲现象）	

7.11 热压罐成型工艺实验

7.11.1 实验目的和要求

（1）了解热压罐成型工艺的实验原理及过程。

（2）了解热压罐设备的使用方法和注意事项。

7.11.2 实验原理和方法

热压罐主要由罐门和罐体、加热系统、风机系统、冷却系统、压力系统、真空系统、控制系统、安全系统以及其他机械辅助设施等部分构成，其系统构成如图 7-11 所示。在复合材料制品的固化工序中，根据工艺技术要求，完成对制品的真空、加热、加压，达到使制品固化的目的。

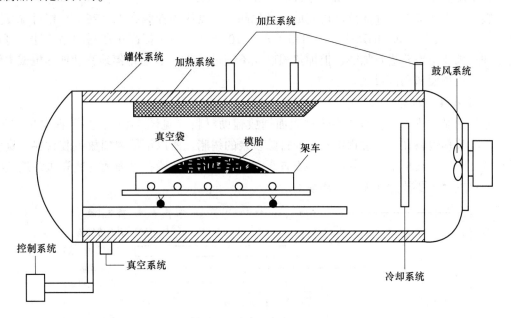

图 7-11 热压罐系统示意图

7.11.3 实验仪器与材料

预浸料、热压罐、载物车、脱模剂/脱模布、真空袋、真空嘴。

7.11.4 实验内容与步骤

7.11.4.1 材料准备

预浸料从低温环境中取出，放置在洁净间里解冻，保持预浸料密封。当外包装膜擦干后无冷凝水产生时，才可以打开包装。建议解冻时间为 6~8h，按照结构展开平面图进行下料，自动裁床将按照设计好的图形自动裁剪预浸料。

7.11.4.2　模具准备

用细颗粒砂纸打磨清理热压罐载物车铁板表面，擦布蘸丙酮或甲乙酮等溶剂清洗模具表面，不要将溶剂直接倒在工装表面。模具表面清洁以后，表面需要铺覆无孔隔离膜或脱模布，或者涂刷脱模剂。脱模剂可采用喷涂或者使用吸收了脱模剂的干净擦布涂刷。在涂刷过程中不可将脱模剂直接倒在工装表面上，应将脱模剂倒在干净的擦布上，用浸透脱模剂的擦布擦拭工装表面。涂刷一层后，应采用与上一层垂直的方向涂刷，确保脱模剂能够完全覆盖工装表面。涂刷脱模剂前后两次间隔时间至少 15min，便于脱模剂的干燥。

7.11.4.3　铺层

将裁减好的预浸料按照零件图纸规定的方向进行铺层，一层压一层铺放。在铺层过程中，要尽量排除铺层间包裹的空气。如果预浸料有双面保护膜，铺完一层后，应保留外面的一层保护膜，并在下一层铺放之前除去上一层的保护膜。在铺层操作过程中，应该要特别注意防止遗留下的保护膜夹杂到零件中。未完成铺贴的零件需要使用无孔隔离膜进行覆盖，并使用真空袋进行密封，防止零件吸潮和粉尘污染。

整个零件的铺贴应在净化间内完成，净化间的温度应该控制在 18~26℃，相对湿度为25%~65%，大于 10μm 的灰尘粒子含量不多于 10 个/L。为了提高预浸料的贴合性，可以使用加热枪或电熨斗进行加热，但加热温度应不超过 65℃，且需不停地移动加热枪或电熨斗，以防止预浸料局部过热。

7.11.4.4　制真空袋

零件铺贴完毕以后，需要在零件表面铺放辅助材料（见图 7-12），并用真空袋密封，由于零吸胶预浸料在固化过程中不需要排除多余的树脂，所以不需要铺放吸胶材料。真空袋封装完毕后，在真空袋膜外面需要安置真空嘴。真空嘴放置在表面透气毡和边缘透气毡相通的位置，不要放置在无孔隔离膜上。

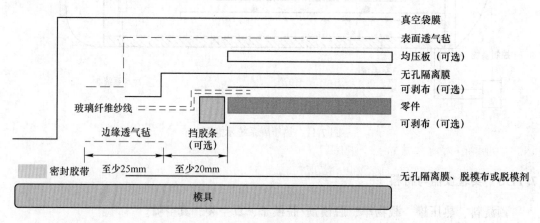

图 7-12　零吸胶预浸料辅助材料组合

7.11.4.5　进罐前的操作与检查

在零件推进热压罐之前，需要在模具上安装热电偶，便于在零件固化过程中监测模具的温度，以及监测工装每个位置的温度。在安装热电偶前应该对热电偶线路进行检查。对于没有测试热分布的工装，可将热电偶放在制件两个对角的余量处。热电偶放置好以后，注意记录每个热电偶和编号以及安放位置。

每个真空袋至少连接一路抽真空和一路真空测量管路。真空袋泄漏检测应保证 5min 内真空表或真空显示数据读数下降不应超过 0.017MPa。

7.11.4.6　固化

零件的固化应该按照相应规范中的固化曲线进行。按固化台阶来分，可分为单平台固化、双平台固化和多平台固化。图 7-13 为单平台固化的典型曲线。升温和降温速率等于任意 10min 内单个热电偶测量的温度差除以测量所经过的时间。每个代表零件温度的热电偶的加热和冷却速率都应该在要求的速率范围内。建议加热速率不大于 3℃/min。

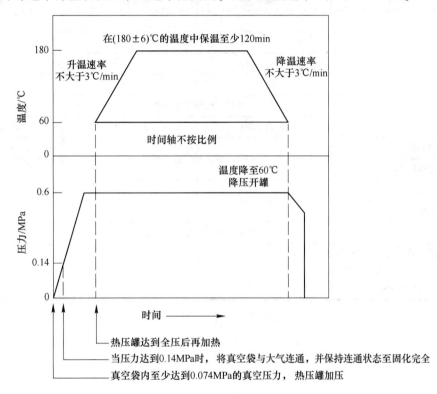

图 7-13　单平台固化的典型曲线

关闭热压罐门并推上安全锁以后，先将罐内压力升到指定压力，再进行加热。需要根据预浸料固化制度设定固化曲线，主要包括温度、压力的设定，以及保温时间、压力加压和卸压时机、升温和降温的速率，以及升压和降压的速率，此外还有温度传感器的设定。固化曲线设定好以后，打开风机、水泵，并根据需要打开或关闭真空泵，确定正确开启后，即可运行曲线直至自动结束。

7.11.4.7　脱模

零件固化完成以后，需要将零件温度降到 60℃ 以下，才可以将零件从热压罐内取出。注意在零件降温过程中，热压罐内的压力应保持成型压力不变，等零件温度降到 60℃ 以下，才可以卸掉热压罐内的压力，压力卸完才可以打开罐门取出零件。零件脱模可使用木质或塑料楔形脱模工具辅助脱模，注意不要损伤零件或工装。

7.11.5　实验记录及处理

　　将相关实验数据记录在表 7-14 中，记录实验过程中出现的现象，并分析出现此类现象的原因。从不同角度对热压罐成型制品拍照，并将照片展示在报告中。

表 7-14　热压罐成型工艺数据记录

实验设备（名称、厂家型号）_____

预浸料使用			
型　号	存储日期	环境温度	用　量

预浸料铺层	
铺层方法	层数/层

热压罐成型工艺参数			
阶段	压力/MPa	温度/℃	时间/min
预热阶段			
保温保压阶段			
降温阶段			
脱模容易程度：			

热压罐成型制品质量表征			
制品品质描述（包括平整度，是否有肉眼可见的气泡、分层现象）			

8 力学性能测试实验

8.1 复合材料拉伸性能测试实验

8.1.1 实验目的和要求

（1）掌握万能试验机检测复合材料拉伸性能的方法。

（2）掌握根据测试曲线对复合材料拉伸性能进行分析的方法。

8.1.2 实验原理和方法

拉伸实验是复合材料最基本的力学性能实验，它可用来测定纤维增强材料的拉伸性能。实验时对试样轴向匀速施加静态拉伸载荷，直到试样断裂或达到预定的伸长，测量在整个过程中施加在试样上的载荷和试样的伸长量，测定拉伸应力（拉伸屈服应力、拉伸断裂应力或拉伸强度）、拉伸弹性模量、泊松比、断裂伸长率并绘制应力-应变曲线等。

拉伸应力指在试样的标距范围内，拉伸载荷与初始横截面积之比。

拉伸屈服应力指在拉伸实验过程中，试样出现应变增加而应力不增加时的初始应力，该应力可能低于试样能达到的最大应力。

拉伸断裂应力指在拉伸试验中，试样断裂时的拉伸应力。

拉伸强度指材料拉伸断裂之前所承受的最大应力。（注：当最大应力发生在屈服点时称为屈服拉伸强度，当最大应力发生在断裂时称为断裂拉伸强度。）

拉伸应变指在拉伸载荷的作用下，试样在标距范围内产生的长度变化率。

拉伸屈服应变指在拉伸实验中出现屈服现象的试样在屈服点处的拉伸应变。

拉伸断裂应变指试样在拉伸载荷作用下出现断裂时的拉伸应变。

拉伸弹性模量指在弹性范围内拉伸应力与拉伸应变之比。（注：使用计算机控制设备时，可以将线性回归方程应用于屈服点以下的应力-应变点间的曲线并测量其斜率，来计算弹性模量。）

泊松比指在材料的比例极限范围内，由均匀分布的轴向应力引起的横向应变与相应的轴向应变之比的绝对值。（注：对于各向异性材料，泊松比随应力的施加方向不同而改变。若超过比例极限，该比值随应力变化但不是泊松比。如果仍报告此比值，则应说明测定时的应力值。）

应力-应变曲线指由应力与应变的关系图。（注：通常以应力值为纵坐标，应变值为横坐标。）

断裂伸长率指在拉力作用下，试样断裂时标距范围内的伸长量与初始长度的比值。

（1）拉伸应力（拉伸屈服应力、拉伸断裂应力或拉伸强度）计算式：

$$\sigma_t = \frac{P}{bd} \qquad (8\text{-}1)$$

式中　σ_t ——拉伸应力（拉伸屈服应力、拉伸断裂应力或拉伸强度），MPa；

$\quad\quad$ P ——破坏载荷（或最大载荷），N；

$\quad\quad$ b ——试样宽度，mm；

$\quad\quad$ d ——试样厚度，mm。

（2）断裂伸长率计算式：

$$\varepsilon_t = \frac{\Delta L_b}{L_0} \times 100\% \qquad (8\text{-}2)$$

式中　ε_t ——试样断裂伸长率，%；

$\quad\quad$ ΔL_b ——试样拉伸断裂时标距 L_0 内的伸长量，mm；

$\quad\quad$ L_0 ——测量的标距，mm。

（3）拉伸弹性模量计算式：

$$E_t = \frac{\sigma'' - \sigma'}{\varepsilon'' - \varepsilon'} \qquad (8\text{-}3)$$

式中　E_t ——拉伸弹性模量，MPa；

$\quad\quad$ σ'' ——应变 $\varepsilon'' = 0.0025$ 时测得的拉伸应力值，MPa；

$\quad\quad$ σ' ——应变 $\varepsilon' = 0.0005$ 时测得的拉伸应力值，MPa。

（4）泊松比计算式：

$$\mu = \frac{\varepsilon_2}{\varepsilon_1} \qquad (8\text{-}4)$$

式中　μ ——泊松比；

$\quad\quad$ ε_1 , ε_2 ——载荷增量 ΔF 对应的轴向应变和横向应变。

$$\varepsilon_1 = \frac{\Delta L_1}{L_1} \qquad (8\text{-}5)$$

$$\varepsilon_2 = \frac{\Delta L_2}{L_2} \qquad (8\text{-}6)$$

式中　L_1 , L_2 ——轴向与横向的测量标距，mm；

$\quad\quad$ ΔL_1 , ΔL_2 ——与载荷增量 ΔF 对应标距 L_1 和 L_2 的变形增量，mm。

测试参考《纤维增强塑料拉伸性能试验方法》（GB/T 1447—2005）。

8.1.3　实验仪器与材料

微控电子万能实验机、游标卡尺、复合材料试样。

测定拉伸应力、拉伸弹性模量、断裂伸长率和应力-应变曲线试样的型式和尺寸如图 8-1~图 8-3 以及表 8-1 所示。

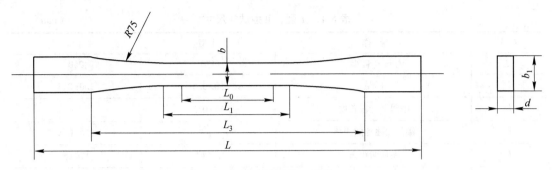

图 8-1　Ⅰ型试样型式（单位：mm）

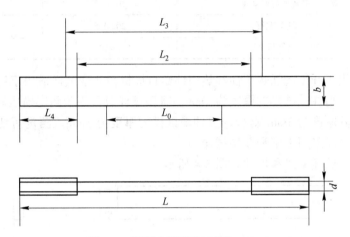

图 8-2　Ⅱ型试样型式（单位：mm）

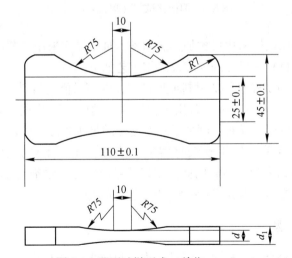

图 8-3　Ⅲ型试样型式（单位：mm）

注：当试样厚度设定为 6mm 时，实际拉伸段厚度 d 为（6±0.5）mm，夹具处厚度 d_1 为（10±0.5）mm；当试样厚度设定为 3mm 时，实际拉伸段厚度 d 为（3±0.2）mm，夹具处厚度 d_1 为（6±0.2）mm。

表 8-1　Ⅰ型、Ⅱ型试样尺寸 （mm）

符　号	名　称	Ⅰ型	Ⅱ型
L	总长（最小）	180	250
L_0	标距	50 ± 0.5	100 ± 0.5
L_1	中间平行段长度	55 ± 0.5	—
L_2	端部加强片间距离	—	150 ± 0.5
L_3	夹具间距离	115 ± 5	170 ± 5
L_4	端部加强片长度（最小）	—	50
b	中间平行段宽度	10 ± 0.2	25 ± 0.5
b_1	端头宽度	20 ± 0.5	—
d	厚度	$2\sim10$	$2\sim10$

　　Ⅰ型试样适用于纤维增强热塑性和热固性塑料板材；Ⅱ型试样适用于纤维增强热固性塑料板材。Ⅰ、Ⅱ型仲裁试样的厚度为 4mm。Ⅲ型试样只适用于测定模压短切纤维增强塑料的拉伸强度，其厚度为 3mm 或 6mm。仲裁试样的厚度为 3mm。测定短切纤维增强塑料的其他拉伸性能可以采用Ⅰ型和Ⅱ型试样。

　　测定泊松比的试样型式和尺寸如图 8-4 所示。

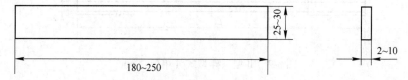

图 8-4　泊松比试样（单位：mm）

　　Ⅰ、Ⅱ型及泊松比试样采用机械加工法制备，Ⅲ型试样采用模塑法制备。

　　Ⅱ型试样加强片材料、尺寸的要求及黏结工艺如下。

　　（1）加强片采用与试样相同的材料或比试样弹性模量低的材料。

　　（2）加强片的厚度为 $1\sim3$mm；若用单根试样黏结则加强片宽度为试样的宽度，若采用整个黏结再加工成单根试样时，则加强片宽度要满足所要加工试样数量的要求。

　　（3）在黏结加强片前，先用砂纸打磨黏结表面，注意不要损伤材料强度；再用溶剂（如丙酮）清洗黏结表面；然后用韧性较好的室温固化黏结剂（如环氧胶黏剂）黏结；最后对试样黏结部位施加压力并保持一定时间直至完成固化。

8.1.4　实验内容与步骤

　　（1）试验准备。将合格试样进行编号、测量和划线，用游标卡尺测量试样工作段任意 3 处的宽度 b、厚度 h 和标距 L_0，取算术平均值，精确到 0.01mm。

　　（2）夹持试样。使试样的中心线与实验机上下夹具的对准中心线一致，夹紧。（注：Ⅲ型试样选择对应夹具。）

　　（3）准备加载。测定拉伸弹性模量、泊松比、断裂伸长率并绘制应力-应变曲线时，加载速度一般为 2mm/min。测定拉伸应力（拉伸屈服应力、拉伸断裂应力或拉伸强度）时，可分以下两种情况：1）常规试验中，Ⅰ型试样的加载速度为 10mm/min；Ⅱ、Ⅲ型试样的加载速度为 5mm/min；2）仲裁试验中，Ⅰ、Ⅱ和Ⅲ型试样的加载速度均为 2mm/min。

（4）在试样工作段安装测量变形的仪表。施加初载（约为破坏载荷的 5%），检查并调整试样及变形测量仪表，使整个系统处于正常工作状态。

（5）测定拉伸应力时连续加载直至试样破坏，记录试样的屈服载荷、破坏载荷或最大载荷及试样破坏形式。

（6）注意事项。

1）若试样出现以下情况应予作废：①试样在有明显内部缺陷处破坏；②Ⅰ型试样在夹具内或圆弧处破坏；③Ⅱ型试样在夹具内破坏或试样断裂处离夹紧处的距离小于 10mm。

2）同批有效试样不足 5 个时，应重做实验。

3）Ⅲ型试样在非工作段破坏时，仍用工作段横截面积来计算拉伸强度，且应记录试样断裂位置。

8.1.5 实验记录及处理

（1）将测得的材料的宽度、厚度、标距等记录在表 8-2 中，并进行数据处理。

（2）利用计算机画出各个复合材料试样的拉伸应力–应变曲线。

（3）计算各试样拉伸力学性能，并记录在表 8-2 中。

（4）比较不同复合材料拉伸力学性能差别，并说明其原因。

表 8-2 拉伸性能数据记录及处理

设备名称、型号、生产厂家_____

序号	试样材料	试样宽度 b/mm	试样厚度 h/mm	标距 L_0/mm	拉伸应力 σ_t/MPa	断裂伸长率 $\varepsilon_t/\%$	拉伸弹性模量 E_t/MPa	泊松比 μ
1								
2								
3								
4								
5								
平均值	—							

8.2 复合材料压缩性能测试实验

8.2.1 实验目的和要求

（1）掌握万能试验机检测复合材料压缩性能的方法。

（2）掌握根据测试曲线对复合材料压缩性能进行分析的方法。

8.2.2 实验原理和方法

压缩实验是复合材料最基本的力学性能实验，它可用来测定纤维增强材料的压缩性能。实验时通过能避免试样失稳、防止试样偏心和端部挤压破坏的压缩夹具对试样施加轴向载荷，使试样在工作段内压缩破坏，记录试验区的载荷和应变（或变形），求出需要的压缩性能。

压缩应力是指由垂直于作用面施加的压缩力所产生的法向应力。

压缩应变是指在压缩应力的作用下，试样减少的高度与其初始高度之比。

压缩强度是指试样可承受的最大压缩应力。

压缩弹性模量是材料在弹性范围内压缩应力与相应的压缩应变之比，即压缩应力-应变曲线在比例极限内直线段的斜率。

压缩割线模量即压缩应力-应变曲线上原点与某特定的点之间连线的斜率。

压缩应力计算式为：

$$\sigma_c = \frac{P}{bh} \tag{8-7}$$

式中 P ——特定时刻的压缩载荷，N；

        b ——试样宽度，mm；

        h ——试样厚度，mm；

       σ_c ——压缩载荷为 P 时的压缩应力，MPa。

压缩应变计算式为：

$$\varepsilon_c = \frac{\Delta L}{L} \tag{8-8}$$

式中 ΔL ——标距段的变形量，mm；

       L ——标距，mm；

       ε_c ——对应于 ΔL 的应变量，当用应变片直接测量应变时，可直接读取。

所有变形量或应变值，都取试样两面测得的平均值（下同）。

压缩弹性模量计算式为：

$$E_c = \frac{\sigma_c'' - \sigma_c'}{\varepsilon_c'' - \varepsilon_c'} \tag{8-9}$$

式中 E_c ——压缩弹性模量，MPa；

   ε_c'，ε_c'' ——压缩应力-应变曲线初始直线段上的任意两点的应变；

   σ_c'，σ_c'' ——对应于 ε_c'，ε_c'' 测得的拉伸应力值，MPa。

压缩割线模量计算式为：

$$E_{cx} = \frac{P_x}{bh\varepsilon_{cx}} \times 10^{-3} \tag{8-10}$$

式中 E_{cx} ——对应点的压缩割线模量，GPa；

     P_x ——对应于 ε_{cx} 的压缩载荷，N；

      b ——试样宽度，mm；

      h ——试样厚度，mm；

    ε_{cx} ——压缩应力-应变曲线上某一点对应的应变。

测试参考《纤维增强塑料面内压缩性能试验方法》（GB/T 5258—2008）。

8.2.3　实验仪器与材料

游标卡尺、应变片、引伸计、力学试验机。

测定压缩应力、压缩弹性模量和应力–应变的试样型式和尺寸，如图 8-5 和表 8-3 所示。

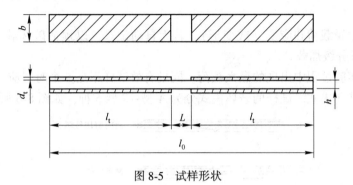

图 8-5　试样形状

表 8-3　试样尺寸　　　　　　　　　　　　　　（mm）

尺寸	符号	试样 1	试样 2	试样 3
总长	l_0	110±1	110±1	125±1
厚度	h	2±0.2	（2~10）±0.2	≥4
宽度	b	10±0.5	10±0.5	25±0.5
加强片/夹头间距离	L	10	10	25
加强片长度	l_t	50	50（若用）	—
加强片厚度	d_t	1	0.5~2（若用）	—

试样 1 为矩形截面的直条试样，必须贴加强片；试样 2 为矩形截面的直条试样，必要时可以贴加强片以防止端部压坏；试样 3 为矩形截面的直条试样，不贴加强片。

试样的端部必须加强时，加强片推荐采用 0°/90° 正交铺设的或玻璃纤维织物/树脂形成的材料，且加强片纤维方向与试样的轴向成±45°。加强片厚度应在 0.5~2mm。如果在较大端部载荷下加强片发生破坏，则可把加强片角度调整 0°/90°。加强片可用铝板，或强度和刚度均不小于推荐的加强片材料的其他适当材料。

加强片可以对单根试样单独粘贴，也可先将整块试样板材粘贴好，再切割成试样。加强片、试样黏结面应经打磨、清洗处理，不允许损伤纤维，用室温固化或低于材料固化温度的胶黏剂黏结。加强片的端头、宽度应与试样一致，确保在实验过程中加强片不脱落。加强片与试样间应胶结密实，并保证加强片互相平行且与试样中心线对称。

8.2.4　实验内容与步骤

（1）实验准备。将合格试样进行编号、测量和划线，用游标卡尺测量试样工作段任意三处的宽度 b、厚度 h 和标距 L，取算术平均值，精确到 0.01mm。

（2）贴好应变片或安装引伸仪，以保证弯曲不超过规定，需要在试样两面对称点上测量应变。

（3）把试样加载到压缩夹具上。调整夹具和试样进行试加载，直至满足初始弹性段两面应变读数基本一致。

（4）以（1±0.5）mm/min 的速度进行加载，直至破坏。若试样出现以下两种情况，实验数据作废：1）试样在夹持区内破坏，且数据低于正常破坏数据的平均值；2）试样端部出现破坏。

（5）连续记录载荷和应变（或变形）。若无自动记录，以预估破坏载荷的 5% 的三分层破坏级差进行分级加载。

（6）记录实验过程中出现的最大载荷。同批有效试样不足 5 个时，应重做实验。

（7）记录破坏模式。试样的破坏模式分为 A 型~F 型 6 种，如图 8-6 所示。

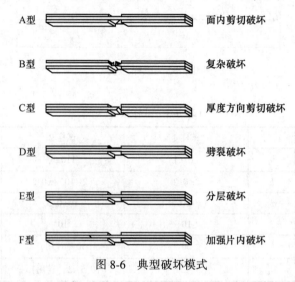

图 8-6　典型破坏模式

8.2.5　实验记录及处理

（1）将测得的材料的宽度、厚度、标距等记录在表 8-4 中。

（2）利用计算机画出各个复合材料试样的应力-应变曲线。

表 8-4　压缩性能数据记录及处理

设备名称、型号、生产厂家_____

编号	试样材料	试样宽度 b/mm	试样厚度 h/mm	标距 L/mm	压缩应力 σ_c/MPa	压缩应变 ε_c/%	压缩弹性模量 E_c/MPa	压缩割线模量 E_{cx}/MPa
1								
2								
3								
4								
5								
平均值	—	—	—	—				

8.3 复合材料弯曲性能测试实验

8.3.1 实验目的和要求

（1）掌握万能试验机检测复合材料弯曲性能的方法。

（2）掌握根据测试曲线对复合材料弯曲性能进行分析的方法。

8.3.2 实验原理和方法

复合材料的弯曲实验中试样的受力状态比较复杂，有拉力、压力、剪切力、挤压力等，因而对成型工艺配方、实验条件等因素的敏感性较大。在实验中采用无约束支撑，通过三点弯曲，以恒定的加载速率使试样破坏或达到预定的挠度值。在整个过程中，测量施加在试样上的载荷和试样的挠度，确定弯曲强度、弯曲弹性模量以及弯曲应力-应变的关系。

弯曲应力指标距中点试样外表面的应力。

弯曲强度指试样的弯曲破坏达到破坏载荷或最大载荷时的弯曲应力。

挠度指标距中点试样外表面在弯曲过程中距初始位置的距离。

弯曲应变指标距中点试样外表面的长度变化率。

弯曲弹性模量指材料在弹性范围内，弯曲应力与相应的弯曲应变之比。

载荷-挠度曲线是弯曲实验中记录的力对变形的关系曲线。

根据复合材料的载荷-挠度曲线可以计算复合材料的弯曲强度 σ_b 和弯曲弹性模量 E_b：

$$\sigma_b = \frac{3PI}{2bh^2} \tag{8-11}$$

$$E_b = \frac{L_0^3 \Delta P}{4bh^3 \Delta S} \tag{8-12}$$

式中　σ_b——弯曲强度，MPa；

P——破坏载荷（或最大载荷），N；

I——跨距，mm；

b——试样宽度，mm；

h——试样厚度，mm；

E_b——弯曲弹性模量，MPa；

L_0——标距，mm；

ΔP——载荷挠度曲线上初始直线段的载荷增量，N；

ΔS——与载荷增量 ΔP 对应的标距中点处的挠度，mm。

若考虑挠度 S 作用下支座水平分力对弯曲的影响，可按式（8-13）计算弯曲强度：

$$\sigma_b = 2\frac{3P \cdot L_0}{2b \cdot h^2}\left[1 + 4(S/L_0)^2\right] \tag{8-13}$$

式中　S——试样标距中点处的挠度，mm。

采用自动记录装置时，对于给定的应变 $\varepsilon'' = 0.0025$，$\varepsilon' = 0.0005$，弯曲弹性模量按式（8-14）计算：

$$E_b = 500(\sigma'' - \sigma') \tag{8-14}$$

式中 E_b ——弯曲弹性模量，MPa；

　　　σ'' ——应变 ε'' 为 0.0025 时测得的弯曲应力，MPa；

　　　σ' ——应变 ε' 为 0.0005 时测得的弯曲应力，MPa。

如材料说明或技术说明中另有规定，ε' 和 ε'' 可取其他值。

试样外表面的应变 ε 按式（8-15）计算：

$$\varepsilon = \frac{6S \cdot h}{L_0^2} \tag{8-15}$$

测试参考《纤维增强塑料弯曲性能试验方法》（GB/T 1449—2005）。

8.3.3　实验仪器与材料

微控电子万能试验机、游标卡尺、复合材料试样。

复合材料试样加载形式如图 8-7 所示。加载上压头应为圆柱面，其半径 R 为(5±0.1)mm。支座圆角半径 r：试样厚度 $h>3$mm 时，$r=(2±0.2)$mm；试样厚度 $h≤3$mm 时，$r=(0.5±0.2)$mm，若试样出现明显支座压痕，r 应改为 2mm。

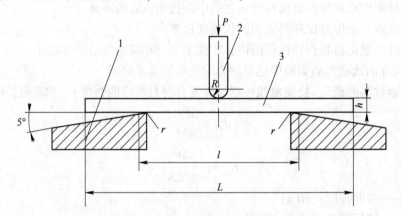

图 8-7　试样加载示意图

1—试样支座；2—加载上压头；3—试样；l—跨距；P—载荷；L—试样长度；

h—试样厚度；R—加载上压头圆角半径；r—支座圆角半径

试样尺寸、仲裁试样尺寸见表 8-5 和表 8-6。

表 8-5　试样的尺寸　　　　　　　　　　　　　　　（mm）

厚度 h	纤维增强热塑性塑料宽度	纤维增强热固性塑料宽度	最小长度 L_{min}
$1<h≤3$	25±0.5	15±0.5	
$3<h≤5$	10±0.5	15±0.5	
$5<h≤10$	15±0.5	15±0.5	
$10<h≤20$	20±0.5	30±0.5	$20h$
$20<h≤35$	35±0.5	50±0.5	
$35<h≤50$	50±0.5	80±0.5	

表 8-6 仲裁试样尺寸 （mm）

材料	长度 L	宽度 b	厚度 h
纤维增强热塑性塑料	≥80	10±0.5	4±0.2
纤维增强热固性塑料	≥80	10±0.5	4±0.2
短切纤维增强材料	≥120	15±0.5	6±0.2

8.3.4 实验内容与步骤

（1）给试样编号，在试样上划线，测量试样中间 1/3 标距处任意 3 点的宽度 b 和厚度 h，取算术平均值，精确到 0.01mm。

（2）调节标距 L_0 及上压头的位置，使加载上压头位于支座中间，且上压头和支座的圆柱面轴线相平行。标距 L_0 可按试样厚度 h 换算而得，$L_0 = (16\pm1)h$。

注：对于很厚的试样，为避免层间剪切破坏，L_0/h 可大于 16，可取值为 32 或 40；对于很薄的试样，为使其载荷落在试验机许可的载荷容量范围内，L_0/h 可小于 16，可取值为 10。

（3）标记试样受拉面，将试样对称地放在两支座上。

（4）将测量变形的仪表置于标距中点处，与试样下表面接触。施加初载（约为破坏载荷的 5%），检查和调整仪表，使整个系统处于正常状态。

（5）选择合适的加载速度连续加载。测定弯曲强度时，常规实验速度为 10mm/min；仲裁速度为试样厚度值的一半。测定弯曲弹性模量及载荷-挠度曲线时，实验速度一般为 2mm/min。

（6）测定弯曲强度时，连续加载，若挠度达到 1.5 倍试样厚度且材料被破坏，记录最大载荷或破坏载荷。若挠度达到 1.5 倍试样厚度但材料未被破坏，则记录该挠度下的载荷。

（7）若试样呈层间剪切破坏、有明显内部缺陷或在距试样中点三分之一以外处破坏，则其数据予以作废，同批有效试样不足 5 个时，应重做实验。

8.3.5 实验记录及处理

（1）将测得的材料的宽度、厚度记录在表 8-7 中，并进行数据处理。

（2）利用计算机画出各个复合材料试样的弯曲力学性能曲线。

（3）计算各试样弯曲力学性能，并记录在表 8-7 中。

（4）比较不同复合材料弯曲力学性能差别，并说明其原因。

表 8-7 弯曲性能数据记录及处理

设备名称、型号、生产厂家_____

序号	试样材料	试样宽度 b/mm	试样厚度 h/mm	弯曲强度 σ_b /MPa	弯曲弹性模量 E_b /MPa	试样表面层应变 $\varepsilon /\%$
1						
2						

序号	试样材料	试样宽度 b/mm	试样厚度 h/mm	弯曲强度 σ_b/MPa	弯曲弹性模量 E_b/MPa	试样表面层应变 $\varepsilon/\%$
3						
4						
5						
平均值	—	—	—	—		

8.4 复合材料层间剪切测试实验

8.4.1 实验目的和要求

（1）掌握万能试验机检测复合材料剪切性能的方法。

（2）掌握根据测试曲线对复合材料剪切性能进行分析的方法。

8.4.2 实验原理和方法

复合材料的层间剪切性能一般是通过短梁实验量化的，其采用小跨厚比三点弯曲法获得试样的短梁剪切强度。短梁剪切强度按照式（8-16）计算（结果保留3位有效数字）：

$$\tau_{sbs} = \frac{3P_{max}}{4wh} \tag{8-16}$$

式中　τ_{sbs}——短梁剪切强度，MPa；

P_{max}——破坏前试样承受的最大载荷，N；

w——试样宽度，mm；

h——试样厚度，mm。

测试参考《聚合物基复合材料短梁剪切强度试验方法》（GB/T 30969—2014）。

8.4.3 实验仪器与材料

游标卡尺、加载头、支座、环境箱、力学试验机。

8.4.3.1 平板试样

实验中的夹具的加载头半径为3mm，2个支座的半径为1.5mm，加载头和支座的长度至少应超过试样宽度4mm，硬度（HRC）为40~45。平板试样加载示意图如图8-8所示。

平板试样的形状如图8-9所示，试样的几何尺寸要求：试样厚度 $h=2\sim6\text{mm}$；试样宽度 $w=(2\sim3)h$；试样长度 $L=5h+10\text{mm}$。

8.4.3.2 曲板试样

实验中的夹具的加载头半径为3mm，支座采用2块平板，加载头和支座的长度至少应超过试样宽度4mm，硬度（HRC）为40~45。曲板试样加载示意图如图8-10所示。

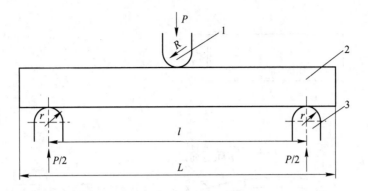

图 8-8　平板试样加载示意图

1—加载头；2—试样；3—支座；R—加载头半径，R=3mm；
r—支座半径，r=1.5mm；l—跨距；L—试样长度；P—压力

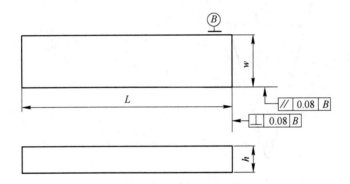

图 8-9　平板试样示意图

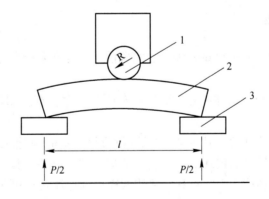

图 8-10　曲板试样加载示意图

1—加载头；2—试样；3—支座；R—加载头半径，R=3mm；
l—跨距，l 为 4 倍试样厚度；P—压力

曲板试样的形状如图 8-11 所示，试样的几何尺寸要求：试样厚度 $h=2\sim6$mm；试样宽度 $w=(2\sim3)h$；试样长度（最小弦长）$L=5h+10$mm；圆心角 $\theta\leqslant30°$；曲率半径 $R_{s}=L/2\sin(\theta/2)-h$。

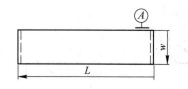

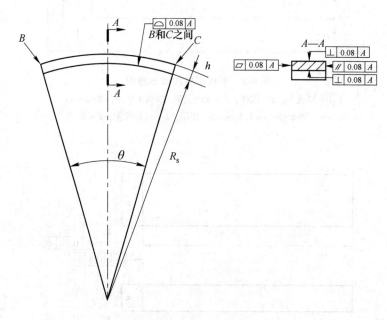

图 8-11　曲板试样示意图

8.4.4　实验内容与步骤

（1）检查试样外观，对每个试样编号。实验前，试样在实验室标准环境条件下至少放置 24h。

（2）状态调整后，测量试样中心截面处的宽度和厚度，宽度测量精确到 0.02mm，厚度测量精确到 0.01mm。

（3）调整跨距，使支座跨厚比为 4，测量精确到 0.1mm。调整加载头和支座。使加载头和两侧支座等距，测量精确到 0.1mm。将试样居中置于试验夹具中，使试样光滑面置于支架上，将试样中心与加载头中心对齐，并使试样长轴与加载头和支座垂直。

（4）以 1～2mm/min 加载速度对试样连续加载，直到试样破坏或加载头的位移超过了试样的名义厚度时，停止实验。若试样破坏，则记录试样失效模式和最大载荷。

（5）典型的失效模式如图 8-12 所示。记录破坏模式。

8.4.5　实验记录及处理

将测得的材料的宽度、厚度、最大载荷记录在表 8-8 中，计算各试样剪切强度。

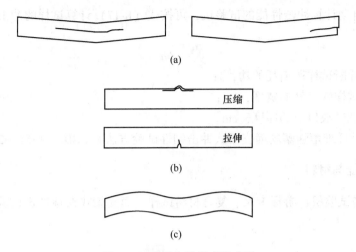

图 8-12　典型失效模式示意图

（a）层间剪切；（b）弯曲；（c）非弹性变形

表 8-8　层间剪切数据记录及处理

设备名称、型号、生产厂家_____

序号	试样材料	试样宽度 w /mm	试样厚度 h /mm	标距 L /mm	最大载荷 P_{max} /N	短梁剪切强度 τ_{sbs} /MPa
1						
2						
3						
4						
5						
平均值	—	—	—	—		

8.5　复合材料冲击性能测试实验

8.5.1　实验目的和要求

（1）了解冲击试验机的使用方法。

（2）掌握简支梁式冲击韧性的实验方法。

8.5.2　实验原理和方法

冲击强度是评价材料抵抗冲击破坏能力的指标，表征材料韧性大小，因此冲击强度也常被称为冲击韧性。将开有 V 形缺口的试样两端水平放置在支撑物上，缺口背向冲击摆锤，摆锤向试样中间撞击一次，使试样受冲击时产生应力集中而迅速破坏，测定试样的吸收能量。冲击实验的应用主要有：作为韧性指标，为选材和研制新的复合材料提供依据；检查和控制复合材料产品质量；评定材料在不同温度下的脆性转化趋势；确定应变失效敏感性。

对于不能自动计算冲击性能的试验机，可按式（8-17）计算试样的冲击韧性 α_k：

$$\alpha_k = \frac{W}{bh} \tag{8-17}$$

式中　W——冲断试样所消耗的功，J；

　　　b——试样缺口处的宽度，cm；

　　　h——试样缺口处的厚度，cm。

测试参考《纤维增强塑料简支梁式冲击韧性试验方法》（GB/T 1451—2005）。

8.5.3　实验仪器与材料

摆锤式冲击试验机、游标卡尺、复合材料试样。简支梁式摆锤冲击试验机工作原理如图 8-13 所示。

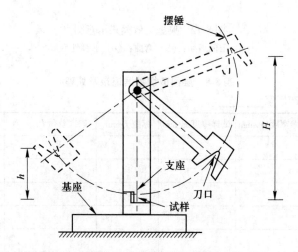

图 8-13　摆锤冲击试验机工作原理示意图

如果摆锤的质量用 m 表示，摆杆长度为 L，则摆锤打下所做的功为 W_0：

$$W_0 = mL(1 - \cos\alpha) \tag{8-18}$$

$$W_0 = mL(1 - \cos\beta) + W + W_\alpha + W_\beta + \frac{1}{2}m'v^2 \tag{8-19}$$

式中　　　W——打断试样所消耗的功；

　　　W_α——在摆角 α 内克服空气阻力所消耗的功；

　　　W_β——在摆角 β 内克服空气阻力所消耗的功；

　　$\frac{1}{2}m'v^2$——试样被打断后飞出试样的动能；

　$mL(1 - \cos\beta)$——打断试样后摆锤仍具有的势能。

一般情况下 W_α、W_β 和 $\frac{1}{2}m'v^2$ 三项可忽略不计，于是式（8-18）和式（8-19）组合后为：

$$W = mL(\cos\beta - \cos\alpha) \tag{8-20}$$

冲击强度 α_k 为打断试样单位横截面积上所消耗的功：

$$\alpha_k = \frac{W}{A} \qquad (8\text{-}21)$$

式中　A ——试样的横截面积，cm^2；

　　　W ——打断试样所消耗的功，J。

复合材料试样型式及尺寸如图 8-14 所示，图 8-14（a）为缺口方向与织物垂直的试样型式及尺寸；图 8-14（b）为缺口方向与织物平行的试样型式及尺寸；图 8-14（c）为短切纤维增强塑料的试样型式及尺寸。

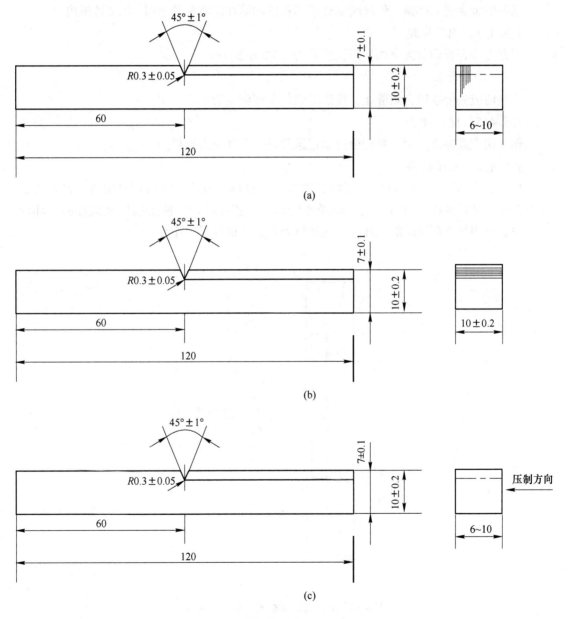

图 8-14　试样规格示意图（单位：mm）

8.5.4 实验内容与步骤

8.5.4.1 实验准备

对制备好的试样编号，精确测量试样的宽度、厚度和缺口深度，精确到 0.02mm；然后将试样放入标准环境（温度为（23±2）℃、相对湿度为 45%~55%）或干燥器中平衡 24h。当试样宽度、厚度或缺口深度任意一数据的离散系数小于 5% 时，试样数量为 5 个；当其离散系数均大于 5% 时，试样数量不得少于 10 个。

8.5.4.2 选择摆锤

选择能量合适的摆锤，使冲断试样所消耗的功落在满能量的 10%~80% 范围内。

8.5.4.3 调节标距

用标准跨距板调节支座的标距，使其为（70±0.5）mm。

8.5.4.4 清零

实验前应先使摆锤自然静止，按清零键使角度值变为零。

8.5.4.5 空载冲击

作一次空载冲击实验，系统会自动记录并补偿空气阻力损耗。

8.5.4.6 测试试样

如图 8-15 所示，用试样定位板将试样安放在试样支座上，缺口背对摆锤。设置仪器参数并输入试样规格，进行冲击，记录冲断试样所消耗的功、冲击韧性及试样的破坏形式。注意有明显内部缺陷的试样和不在缺口处断裂的试样都应作废。

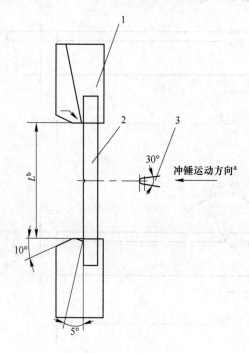

图 8-15 试样放置示意图（单位：mm）

1—支座；2—试样；3—冲锤；a—冲击速度为 3.8m/s；b—标距 L 为 70mm

8.5.5 实验记录及处理

（1）将测得的材料长、宽、厚以及缺口深度等记录在表 8-9 中并进行数据处理。
（2）按照相应公式计算试样冲击韧性。并记录在表 8-9 中。
（3）比较不同复合材料抗冲击性能的差别，并说明其原因。

表 8-9 冲击性能数据记录及处理

设备名称、型号、生产厂家＿＿＿＿＿＿＿＿＿＿＿＿＿＿＿＿

序号	试样材料	试样尺寸 （长×宽×厚）/mm×mm×mm	缺口深度/mm	吸收功/J	冲击韧度/kJ·m⁻²
1					
2					
3					
4					
5					
平均值	—	—	—	—	—

8.6 复合材料疲劳性能测试实验

8.6.1 实验目的和要求

（1）了解疲劳试验机的使用方法。
（2）掌握复合材料拉-拉疲劳实验方法。

8.6.2 实验原理和方法

材料或构件在随时间作周期性改变的交变应力的作用下，经过一段时间后，在应力远小于强度极限和屈服极限的情况下，突然发生断裂，这种现象称为疲劳。疲劳寿命取决于应力水平、应力状态、循环模式、过程历史、材料组成及环境条件等因素的影响。从本征上看，复合材料是非均匀的，而且通常是各向异性的。因此，复合材料中导致强度劣化的疲劳过程是非常复杂的，其中涉及多种损伤模式。

大多数复合材料疲劳试验是拉-拉疲劳。由于薄层合板可能出现压缩屈曲以及需采取必要措施以消除这种屈曲，通常不使用拉-压和压-压循环载荷进行复合材料疲劳试验。

疲劳试验可以采取载荷、位置和应变加载模式。在许多实际应用场合，部件经常承受循环载荷作用，对这种情况用载荷控制加载是最适合的。应变控制模式是一种更精确的位移控制模式，这种方式排除了由于加载加持或支撑位置移动产生的误差。

测试参考《聚合物基复合材料疲劳性能测试方法　第 3 部分：拉-拉疲劳》（GB/T 35465.3—2017）。

8.6.3 实验仪器与材料

疲劳试验机、游标卡尺等。

　　试样分为直条型（见图 8-16）和哑铃型（见图 8-17），在特殊需求下，也可采用四面加工型试样（见图 8-18）。单向层合板采用直线型或四面加工型试样，其他层合板可采用直条型或哑铃型试样，模压短切毡等非层合板试样采用哑铃型试样。直条型试样尺寸如表8-10 所示。

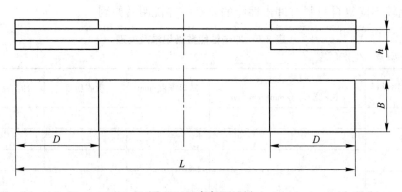

图 8-16　直条型试样

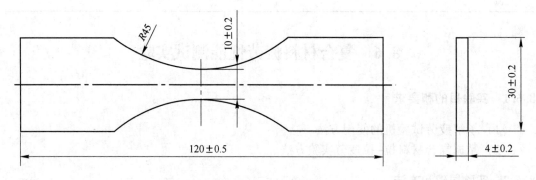

图 8-17　哑铃型试样（单位：mm）

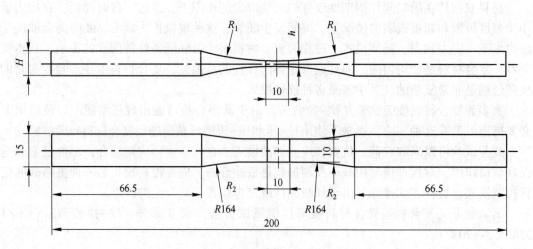

图 8-18　四面加工型试样

h—工作段厚度，一般为保留一个或两个完整铺层的厚度（1~2mm）；H—层板厚度，一般为 $4h$ 或 $5h$；
R_1—厚度面弧度半径，一般为 103mm；R_2—宽度面弧度半径，一般为 164mm

表 8-10　直条型试样尺寸　　　　　　　　　　（mm）

试样铺层	试样长度 L	试样宽度 B	试样厚度 h	加强片长度 D
单向 0°	250	12.5±0.1	1~3	50
其他	250	25±0.1	2~4	50

8.6.4　实验内容与步骤

（1）对试样进行外观检查，有缺陷、不符合尺寸或制备要求的试样，应予作废。对试样进行编号，测量直条型试样工作段内任意 3 点的宽度和厚度，取算数平均值；对于哑铃型和四面加工型试样的宽度和厚度，测量最小截面部分 3 次取算数平均值。

（2）按实验要求选择波形和实验频率。实验波形一般为正弦波，实验频率推荐 1 ~ 25Hz，若进行高频率实验，频率不大于 60Hz。

（3）按实验目的确定应力比或应变比。应力比或应变比不宜小于 0.1。

（4）测定 S-N 曲线（ε-N 曲线）时，按实验目的，至少选取 4 个应力或应变水平，一般按疲劳实验的最大应力或应变表征水平。选取应力或应变水平的方案如下：第 1 个水平以循环次数为目的；第 2 个水平以 10^5 循环次数为目的；第 3 个水平以 $5×10^5$ 循环次数为目的；第 4 个水平以 $1×10^6 ~ 2×10^6$ 循环次数为目的。

（5）通常从第 1 个水平开始疲劳实验，若循环次数与预期差异较大，则逐量升高或降低应力比或应变水平。玻璃纤维增强塑料推荐的疲劳水平为静态拉伸强度或静态拉伸失效应变的 75%，55%，40%，30%；碳纤维增强塑料推荐的疲劳水平为静态拉伸强度或静态拉伸失效应变的 80%，65%，55%，45%。若无特殊实验目的，各应力或应变水平应使用相同频率和应力比或应变比。

（6）夹持试样并使试样中心线与上、下夹头的对准中心线一致。若进行应变控制，安装应变仪或其他应变测量装置，并在无载荷时对应变清零。

（7）对试样加载直至试样失效或达到协定失效条件（如刚度下降 20%）。在实验过程中，检测试样表面温度，若试样温度变化超过 10℃，启动散热装置；若散热装置不能降低试样的温度，需重新选择试验频率。若试样没有失效或未达到协定失效条件，此类数据不作为疲劳寿命。试样失效后需要保护好试样断口，检查失效模式。典型失效模式如图 8-19 所示。

（8）试样失效后，应保护好试样断口。检查失效模式，特别注意加强片边缘或夹持部位产生的破坏。去除所有不可接受的试样并补充实验。

（9）实验过程中随时检查设备状态，观察试样的变化，每水平至少记录一根试样的温度。

8.6.5　实验记录及处理

将测得的材料尺寸、应力或应变振幅、应变比和频率、疲劳寿命等数据记录在

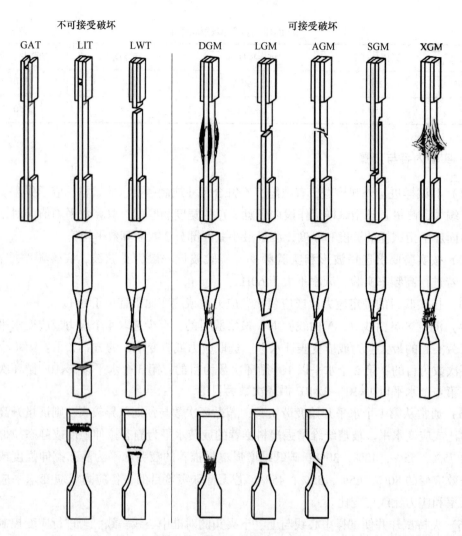

图 8-19　典型失效模式示意图

表 8-11 中，并以 $\lg N$ 为纵坐标、$S(\varepsilon)$ 或 $\lg S(\lg \varepsilon)$ 为横坐标绘制应力-寿命（S-N）或应变-寿命（ε-N）曲线。

表 8-11　疲劳性能数据记录及处理

设备名称、型号、生产厂家_____

序号	试样材料	试样尺寸（长×宽×厚）/mm×mm×mm	静强度/失效应变	实验频率/Hz	控制模式和波形类型	应力 S（应变 ε）水平	应力比或应变比	疲劳寿命 N/次
1								
2								
3								
4								
5								

序号	试样材料	试样尺寸 （长×宽×厚） /mm×mm×mm	静强度/ 失效应变	实验频率/Hz	控制模式和 波形类型	应力 S （应变 ε）水平	应力比或 应变比	疲劳寿 命 N/次
6								
7								
8								
9								
10								
11								
12								
平均值	—	—	—	—	—	—		

9 理化性能测试实验

9.1 复合材料密度测定实验

9.1.1 实验目的和要求

（1）掌握测定复合材料密度的方法。

（2）掌握密度测定法的适用范围。

9.1.2 实验原理和方法

测定复合材料的密度有两种方法，即浮力法和几何法。浮力法适用于吸湿性弱的材料，几何法适用于吸湿性强的材料。

浮力法：根据阿基米德原理，以浮力来计算试样体积。试样在空气中的质量除以体积即为试样材料的密度。

几何法：制取具有规则几何形状的试样，称其质量，用测试的试样尺寸计算试样体积，试样质量除以试样的体积等于试样的密度。

测试参考标准《纤维增强塑料密度和相对密度试验方法》（GB/T 1463—2005）。

9.1.3 实验仪器与材料

天平、游标卡尺、支架、烧杯、金属丝。

9.1.4 实验内容与步骤

9.1.4.1 浮力法

（1）在空气中称量试样的质量（m_1）和金属丝的质量（m_3），精确到0.0001g。

（2）测量和记录容器中水的温度，水的温度应为（23±2）℃。

（3）容器置于支架上，将由该金属丝悬挂着的试样全部浸入容器内的水中。容器绝不能触到金属丝或试样。用另一根金属丝尽快除去黏附在试样和金属丝上的气泡。称量水中试样的质量（m_2），精准到0.0001g。

（4）试样数目为5个，按照以上步骤依次进行测量。

（5）试样密度计算如下：

$$\rho_t = \frac{m_1}{m_1 + m_3 - m_2} \times \rho_\omega \tag{9-1}$$

式中　ρ_t——试样在温度 t 时的密度，kg/m³；

　　　m_1——试样在空气中的质量，g；

m_2 ——试样悬挂在水中的质量，g；

m_3 ——金属丝在空气中的质量，g；

ρ_ω ——水在温度 t 时的密度，kg/m^3，在 23℃ 下 ρ_ω 的值为 997.6kg/m^3。

9.1.4.2　几何法

（1）在空气中称量试样的质量（m），精确到 0.0001g。

（2）在试样每个特征方向均匀分布的 3 点上，测量试样尺寸，精确到 0.01mm。3 点尺寸相差不应超过 1%。取 3 点的算数平均值作为试样此方向的尺寸，从而得到试样的体积（V）。

（3）试样数目为 5 个，按照以上步骤依次进行测量。

（4）试样密度计算如下：

$$\rho_t = \frac{m}{V} \times 10^{-3} \tag{9-2}$$

式中　ρ_t ——试样在温度 t 时的密度，kg/m^3；

m ——试样在空气中的质量，g；

V ——试样的体积，m^3。

9.1.5　实验记录及处理

将测得的试样质量、体积记录在表 9-1 中，并进行数据处理。

表 9-1　密度数据记录及处理

试样材料：_____

序号	质量 m_1/g	质量 m_2/g	质量 m_3/g	密度 ρ_t /kg·m^{-3}
1				
2				
3				
4				
5				
6				
7				
8				
9				
10				
平均值			—	—
标准差			—	—
离散系数			—	—

9.2 复合材料巴氏硬度测定实验

9.2.1 实验目的和要求

（1）掌握复合材料巴氏硬度的测定方法。

（2）掌握巴柯尔硬度计的使用方法。

9.2.2 实验原理和方法

巴柯尔（Barcol）硬度计是一种压痕式硬度计，它以特定压头在标准弹簧的压力作用下压入试样，以压痕的深浅来表征试样的硬度。它适用于测定增强塑料及其制品的硬度，也可用于非增强硬质塑料。

增强塑料巴氏硬度仪结构如图 9-1 所示，主要部件是淬火钢压头，压头为 26°角的截头圆锥体，其顶端平面直径 0.157mm，配合在一个满度调节螺丝孔内，并被一个由弹簧加载的主轴压住。指示仪表刻度盘有 100 分度，每一分度相当于压入 0.0076mm 的深度。压入深度为 0.76mm 时，表头读数为零；压入深度为零时，表头读数为 100。读数越高，材料越硬。

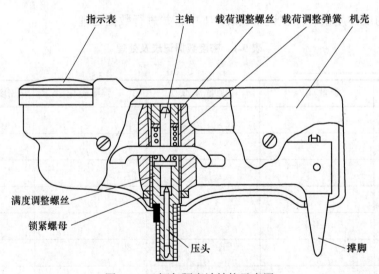

图 9-1 巴柯尔硬度计结构示意图

试样表面应光滑平整，没有缺陷及损伤。标准试样厚度不小于 1.5mm，试样大小应满足任一压痕到试样边缘或另一压痕之间的距离不小于 3mm。测试时要避免试样受载可能发生的弯曲，并保持整机在同一水平面上工作。手握硬度计机壳，以足够的压力平稳快速的推压，同时记录刻度盘上最大读数。测试参考《增强塑料巴柯尔硬度试验方法》（GB/T 3854—2017）。

9.2.3 实验仪器与材料

（1）主要仪器设备：HBa-1 巴氏硬度计、游标卡尺（0.02mm）。

（2）主要耗材：手糊玻璃钢板材、模压玻璃钢板材、钢锯、平锉等。

9.2.4 实验内容与步骤

（1）试样放置在坚硬稳固的支撑面（如钢板、玻璃板、水泥平台等）上测试，可直接在制品表面适当部位测试。曲面试样应支撑平稳，当施加测试压力时，应注意避免造成试样的弯曲和变形。

（2）将压头套筒垂直置于试样表面上，撑脚置于同一表面或者有相同高度的其他固体材料上，并保持压头和撑脚在同一平面。

（3）用手握住硬度计机壳，迅速向下均匀施加压力，直至刻度盘的读数达最大值，记录该最大读数（某些材料会出现从最大值漂回的读数，该读数与时间呈非线性关系），此值即为巴柯尔硬度值。当压头和被测表面接触时应避免滑动和擦伤。

（4）压痕位置距试样边缘应大于 3mm，压痕间距也应大于 3mm。至少在试样的 10 个不同位置测试硬度。

9.2.5 实验记录及处理

将测得的硬度值记录在表 9-2 中并进行数据处理。

表 9-2 巴氏硬度测定数据记录及处理

硬度计名称、型号、生产厂家＿＿＿＿＿＿＿＿＿＿ 试样材料：＿＿＿＿＿＿＿＿

测试位置	1 号	2 号	3 号	4 号	5 号	6 号	7 号	8 号	9 号	10 号
硬度值										
平均值										
标准差										
离散系数										

9.3 孔隙率和体积分数测定实验

9.3.1 实验目的和要求

（1）掌握测定复合材料孔隙含量的方法。
（2）掌握测定复合材料纤维体积含量的方法。

9.3.2 实验原理和方法

9.3.2.1 孔隙含量试验原理

在碳纤维增强塑料上，通过光学显微镜、图像分析仪或透明方格纸在试样整个截面上测定孔隙总面积与试样截面面积的百分比，即为该试样的孔隙含量。

试样孔隙率计算如下：

$$X = \frac{N_V \cdot A_g}{A} \times 100 \tag{9-3}$$

式中　　X——孔隙含量,%;

　　　　N_V——试样孔隙所占格子数;

　　　　A_g——每格面积, mm^2;

　　　　A——试样截面面积, mm^2。

9.3.2.2　纤维体积含量试验原理

在碳纤维增强塑料上,通过光学显微镜测定观测面内纤维所占面积与观测面积的百分比,即为该试样的纤维体积含量。

$$V_f = \frac{N \cdot A_f}{A} \times 100 \tag{9-4}$$

式中　　V_f——每个观测面内的纤维体积含量,%;

　　　　N——观测面内的纤维根数;

　　　　A_f——每单根纤维的平均截面积, μm^2;

　　　　A——观测面积, μm^2。

测试参考《碳纤维增强塑料孔隙含量和纤维体积含量试验方法》（GB/T 3365—2008）。

9.3.3　实验仪器与材料

反射显微镜（附有目镜网格、测微尺等附件）、磨片抛光设备、金相显微镜（能放大1200倍以上）、计数器、求积仪、磨片抛光设备。

9.3.4　实验内容与步骤

9.3.4.1　取样

单向铺层试样,沿垂直于纤维轴向的横截面取样,长为20mm、宽为10mm、高为试样厚度。孔隙含量试验每组试样不少于5个,纤维体积含量试验每组试样不少于3个。正交及多向铺层试样,沿垂直于纤维轴向的横截面上至少各取3个横截面长为20mm、宽为10mm、高为试样厚度的试样。试样在切取过程中应防止产生分层、开裂等现象。

9.3.4.2　制样

A　测量试样

测定孔隙含量时应先测量试样横截面的长度和宽度,精确至0.01mm。

B　包埋试样

将试样用包埋材料包埋。

C　磨平和抛光试样

将包埋好的试样在磨片机上依次用由粗到细的水磨砂纸在流动水下湿磨,然后在抛光机上用适当的抛光织物和抛光膏抛光,直至试样截面形貌在显微镜下清晰可见为止。

磨平、抛光过程中,每更换一次砂纸都应将试样彻底清洗干净。如有抛光膏堵塞孔隙现象,可用超声波清洗器清洗试样。

9.3.4.3 显微镜标尺测定孔隙含量

（1）将制备好的试样置于反射显微镜的载物台上。

（2）在 100 倍放大倍数下迅速观察试样整个截面，调整放大倍数，使绝大部分孔隙面积大于 1/4 格。

（3）记录落在孔隙上的格子数目，以 1/4 格为最小计数单位。大于 1/4 格的记作 1/2 格；大于 1/2 格的记作 3/4 格；大于 3/4 格的记作 1 格。目镜网格每格的面积要在选定的放大倍数下以测微尺进行标定。

9.3.4.4 显微镜法测纤维体积含量

（1）将制备好的试样置于金相显微镜的载物台上。

（2）在 200 倍放大倍数下每个试样分别摄取 3 个观测面的照片各一张，用来测定各观测面积及其内的纤维根数。观测面内不得有孔隙。

（3）在 1200 倍（或大于 1200 倍）放大倍数下摄取显微照片一张，用来测定纤维的平均截面积。

（4）在按步骤（2）摄得的照片上用求积仪或其他方法求得 25 根纤维的平均截面积。如纤维为圆形截面，可测量直径来计算截面积。

9.3.5 实验记录及处理

将测得的数值记录在表 9-3 中并进行数据处理。

表 9-3 孔隙率和纤维体积含量数据记录及处理

试样材料：_____

序号	试样孔隙所占格子数 N_V	每格面积 A_g /mm²	试样截面面积 A /mm²	孔隙含量 X /%	纤维根数 N	单根纤维的平均截面积 A_f /μm²	观测面积 A /μm²	纤维体积含量 V_f /%
1								
2								
3								
4								
5								
6								
7								
8								
9								
10								
平均值								
标准差								
离散系数								

9.4　复合材料导热系数测定实验

9.4.1　实验目的和要求

（1）了解导热仪的测试原理和使用方法。

（2）掌握复合材料导热系数的测试方法。

9.4.2　实验原理和方法

热是一种能量，传热是能量的交换或流动，传热有很多种形式，包括对流、辐射以及传导。材料内部热传导是通过能量交换或自由电子漂移的方式完成的。

傅里叶传导定律表明，热传导的快慢与材料横截面积、温度梯度、导热系数成正比，用方程可表示为：

$$\Phi = \lambda A \frac{\Delta T}{\Delta x} \tag{9-5}$$

式中　Φ ——热流量，W；

　　　λ ——导热系数，W/(m·K)；

　　　A ——热传导的横截面积，m^2；

$\Delta T/\Delta x$ ——温度梯度，K/m。

护热板法指在稳定状态下，单向热流垂直流过板状试样，通过测量在规定传热面积内一维恒定热流量及试样冷热表面的温度差，可以计算出试样的导热系数。

热流量指单位时间内通过一个面内的热量。

热流量密度指垂直于热流方向的单位面积热流量。

导热系数是材料导热特性的一个物理指标，数值上等于热流密度除以负温度梯度。

试样平均温度指稳定状态时，试样的高温面温度和低温面温度的算术平均值，也可简称为平均温度。

试样温度差指稳定状态时，试样的高温面温度和低温面温度的差值。

导热系数这一概念针对仅存在导热这一传热形式的系统，当存在如辐射、对流和传质等多种传热形式时，系统的复合传热关系通常称为表观导热系数、显性导热系数或有效导热系数。此外，导热系数是针对均质材料而言的，实际情况下，还存在多孔、多层、多结构、各向异性的材料。因此，复合材料获得的导热系数实际上是一种综合导热性能的表现，也称为平均导热系数。

利用护热板导热仪可测定复合材料的导热系数，可按式（9-6）进行计算，取2位有效数字。

$$\lambda = \frac{Pd}{A(t_1 - t_2)} \tag{9-6}$$

式中　λ ——导热系数，W/(m·K)；

　　　P ——主加热板稳定时的功率，W；

d——试样厚度，m；

A——主加热板的计算面积，对特定测试装置而言该数值为固定值，m^2；

t_1，t_2——试样的高低温度，℃。

测试参考《纤维增强塑料导热系数试验方法》（GB/T 3139—2005）。

9.4.3　实验仪器与材料

护热板导热仪、复合材料试样。

护热板导热仪包括热板、冷热源控制系统和智能测量仪 3 部分。热板包括主加热板、护加热板以及背护加热板 3 部分。主加热板和护加热板由电阻加热器及智能测量仪控温，背护加热板由精密恒温水槽控温，使 3 块加热板的温度保持一致。冷板由铝板、半导体制冷体和冷却水套组成，可将冷板温度精确控制在设定值。智能测量仪用于测量及控制整个测试系统的温度，以实现全自动测试。

试样边长或直径应与加热板相等，通常为 100mm。试样厚度至少是 5mm，最大不大于其边长或直径的 1/10。试样表面平整，表面不平度不大于 0.5mm/m；试样两表面平行。每组试样不少于 3 块。

9.4.4　实验内容与步骤

9.4.4.1　试样准备

至少测量 4 次试样厚度，精确到 0.01mm，取算术平均值。

9.4.4.2　安装试样

注意消除空气夹层，并对试样施加一定的压力。

9.4.4.3　调节温差

调节主加热板与护加热板以及主加热板与底加热板之间的温差，使之达到平衡，由温度不平衡所引起的导热系数测试误差不得大于 1%。

9.4.4.4　记录温差

达到稳定状态后，测量主加热板功率和试样两面的温差即可。所谓稳定状态是指在主加热板功率不变的情况下，30min 内试样表面温度波动不大于试样两面温差的 1%，且最大不得大于 1℃。

9.4.4.5　对比实验

为了研究温度和湿度对导热系数的影响，在不同温度和湿度条件下按上述步骤对导热系数进行 3~5 次测试，并比较分析。测试前先将试样放置在不同湿度的环境中平衡 24h，然后将试样的各面用 4 层塑料薄膜包裹起来。薄膜的水蒸气渗透阻为 1.5m，可视为不透气。塑料薄膜的厚度和热阻均可以忽略。

9.4.5　实验记录及处理

（1）将测得的材料的厚度、面积、温度等记录在表 9-4 中并进行数据处理。其中有关仪器设备的参数已提前预设。

（2）计算每个试样的导热系数，并求出每组试样的平均值，记录在表 9-4 中。

表 9-4   导热系数测定数据记录及处理

硬度计名称、型号、生产厂家_____   试样材料：_____

序号	d/m	A/m^2	$t_1/℃$	$t_2/℃$	$\lambda/W \cdot (m \cdot K)^{-1}$
1					
2					
3					
平均值					

（3）将在9.4.4.5小节中所得到的不同湿度、不同温度下试样的导热系数记录在表9-5中并进行比较，利用计算机作图。

（4）根据所作的图分析温度、湿度对试样的影响，并讨论其原因。

表 9-5   温度、湿度及导热系数数据记录

序号	温度/℃	湿度/%	$\lambda/W \cdot (m \cdot K)^{-1}$
1			
2			
3			
4			
5			

9.5   复合材料平均热容测定实验

9.5.1   实验目的和要求

（1）了解量热仪的测试原理和使用方法。

（2）掌握复合材料平均热容的测试方法。

9.5.2   实验原理和方法

比热容是衡量物质在单位温度升高时，所需要耗费的热量的物理指标，物质比热容越大，其耗热量越大，也就是说，在单位温度升高的情况下，该物质需要更多的热量来实现与其他物质相同的温度提高。比热容是由物质的原子结构、物性、热能等因素决定的，它可以用来衡量某种物质在单位温度升高时，所需要耗费的热量。

复合材料是由多种不同的材料组合而成的材料，因此，复合材料的比热容也将受到多种不同材料的影响。因此，计算复合材料的比热容时，必须考虑到多种材料的比热容。

复合材料的比热容计算方法一般采用混合比热容法，该方法的基本原理是复合材料的比热容 c 等于各组分比热容的加权平均值：

$$c = \sum c_i \times W_i \tag{9-7}$$

式中 c_i——第 i 种组分的比热容；

W_i——第 i 种组分的质量比例。

混合比热容法具有计算简便、结果准确的特点，它可以用来计算复合材料的比热容，但是，这种方法仅适用于复合材料中各组分比热容质量比例相同的情况，如果复合材料中各组分比热容质量比例不同，则需要采用复杂的方法来估算比热容。另外，复合材料的比热容还受到复合材料的性质、使用条件、温度等因素的影响。

量热计是一种用于测量化学反应、物理变化过程的热量变化，或测定材料的热容的方法。最常见的有差示扫描量热计、恒温微卡计、滴定量热计及加速量热仪等。本实验将一定质量的试样均匀加热到试验温度后，降落到温度较低的已知热容值的铜块量热计内，测定量热计的温升。当二者温度平衡时量热计所吸收的热量即等于试样放出的热量。根据式（9-8）计算出试样的平均比热容：

$$c_p = \frac{C(t_n + t_\delta - t_0)}{m(t - t_n - t_\delta)} \tag{9-8}$$

式中 c_p——试样的平均比热容，J/(kg·K)；

C——量热计的热容值，J/℃；

t_n——量热计的最高温度值，℃；

t_δ——量热计的温度修正值（为正时表示量热计向外散失热量，反之为从外吸收了热量），℃；

t_0——落样时刻的量热计温度值，℃；

m——试验后的试样质量，g；

t——试样温度，℃。

量热计的温度修正参考标准《纤维增强塑料平均比热容试验方法》（GB/T 3140—2005）。

9.5.3 实验仪器与材料

量热计、恒温水浴、加热炉、温度测量装置。

模塑料试样和板材试样尺寸如图 9-2 所示。

9.5.4 实验内容与步骤

（1）试样状态调节按照标准 GB/T 1446—2005 进行。

（2）把试样悬挂于加热炉均温区的正中处。通电加热，使其升温至约 150℃。

（3）把量热计置于水浴中，使量热计的初始温度保持在 20℃ 左右（与标定热容值时的量热计初始温度相一致）；待量热计温度稳定后，将水浴温度调节到比量热计温度的初始温度高 1~1.5℃。

（4）待试样温度稳定后，保温 20min 以上，保温期间温度偏差不超过 2℃。记录落样时刻的试样温度为 t。

（5）分 3 个阶段测量量热计的温度值，每隔 1min 读一次数。

1）第 1 阶段，当量热计和恒温水浴热交换稳定时，量热计温度上升速率稳定；连续记录 10min，在第 10min 准时落样，同时记录此时温度值。

2）第 2 阶段，试样放热量热计温度迅速升高，继续读数直到温度最高值 t_n。

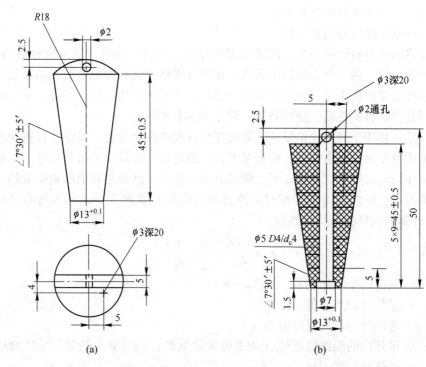

图 9-2　模塑料试样（a）和板材试样（b）的尺寸和型式

3）第 3 阶段，末期降温阶段，从温度下降开始记录 10min。

（6）从量热计中取出试样，称量试样质量，精确到 0.01g。

9.5.5　实验记录及处理

将测得的数据记录在表 9-6 中并进行数据处理。

表 9-6　导热系数测定数据记录及处理

设备名称、型号、生产厂家＿＿＿＿＿＿＿＿　　　试样材料：＿＿＿＿＿＿＿＿

序号	$C/\text{J} \cdot \text{℃}^{-1}$	$t_n/\text{℃}$	$t_\delta/\text{℃}$	$t_0/\text{℃}$	m/g	$t/\text{℃}$	$c_p/\text{J} \cdot (\text{kg} \cdot \text{K})^{-1}$
1							
2							
3							
平均值							

9.6　复合材料线膨胀系数测定实验

9.6.1　实验目的和要求

（1）了解线膨胀系数测试仪的原理和使用方法。

（2）掌握复合材料线膨胀系数的测试方法。

9.6.2 实验原理和方法

用顶杆示差法的线膨胀系数试验仪对试样进行均匀加热，并控制试样温度上升速率，测定试样温度及相应的试样长度变化量，计算所需温度范围内的平均线膨胀系数。

$$a = \frac{L_2 - L_1}{L_0(t_2 - t_1)} + a_1 = \frac{\Delta L}{L_0 \Delta t} + a_1 \tag{9-9}$$

式中　a ——平均线膨胀系数，$℃^{-1}$；

　　　L_1 ——温度 t_1 时试样的长度，mm；

　　　L_2 ——温度 t_2 时试样的长度，mm；

　　　L_0 ——温度 t_0 时试样的长度，mm；

　　　t_0 ——基准温度，一般为试验室的温度，℃；

　　　ΔL ——温度 t_1 和 t_2 间试样长度的变化量，mm；

　t_1，t_2 ——测量中选取的两个温度（$t_1 < t_2$），℃；

　　　Δt —— t_1 和 t_2 间的温度差（$t_1 < t_2$），℃；

　　　a_1 ——对应于试验温度时顶杆及其载体（一般为石英材质）的平均线膨胀系数，一般为 $0.51 \times 10^{-6}/℃$。

测试参考标准《纤维增强塑料平均线膨胀系数试验方法》（GB/T 2572—2005）。

9.6.3 实验仪器与材料

线膨胀系数测试仪、游标卡尺。

试样为圆柱形，直径 6～10mm，试样端面也可以为正方形，端面边长为 5～7mm；试样长度为 50mm、100mm。试样端面须平整，并且与试样长轴相垂直，两端面不平行度应小于 0.04mm。

9.6.4 实验内容与步骤

（1）准备试样并调节其状态。

（2）测量试样长度 3 次，取平均值。测量精度不低于 0.1mm。

（3）安放试样，使试样的中心轴与线膨胀系数试验仪顶杆的轴线一致，并校准零点，使其稳定。

（4）启动加热装置，以（1±0.2）℃/min 的升温速率对试样加热，记录温度 t 及与其相应的试样长度变化量 ΔL，直至所需试验温度。

9.6.5 实验记录及处理

将测得的数据记录在表 9-7 中并进行数据处理。

表 9-7　线膨胀系数测定数据记录及处理

设备名称、型号、生产厂家_____　　　　　　试样材料：_____

序号	t_0 /℃	L_0 /mm	t_1 /℃	L_1 /mm	t_2 /℃	L_2 /mm	a /℃$^{-1}$
1							

序号	t_0 /℃	L_0 /mm	t_1 /℃	L_1 /mm	t_2 /℃	L_2 /mm	a /℃$^{-1}$
2							
3							
平均值							

9.7　复合材料燃烧性能测试实验

9.7.1　实验目的和要求

（1）掌握炽热棒法实验的操作要点。

（2）掌握复合材料燃烧性能的表示方法。

9.7.2　实验原理和方法

按规定的尺寸将材料制备成长方体，在距自由端 25mm 和 75mm 处各画一条标线，夹住试样另一端，使其长轴呈水平状态并垂直于炽热棒。通电加热炽热棒，控制温度为 955℃，使试样自由端与炽热棒接触一定时间后移开，记录试样燃烧时间、烧蚀长度、燃蚀质量损失、燃烧现象等指标，评定复合材料试样的燃烧性能。记录从炽热棒接触试样起到试样第一次出现火焰的时间 t_1 以及炽热棒离开试样到试样火焰熄灭的时间 t_n，精确至 1s。$t = t_n - t_1$ 为燃烧时间。分别计算试样烧蚀长度 L（mm）和烧蚀质量损失 a（%）：

$$L = L_0 - L_R \tag{9-10}$$

$$a = \frac{m_0 - m_R}{m_R} \times 100\% \tag{9-11}$$

式中　L_0——试样的初始长度，mm，精确到 0.05mm；

　　　m_0——试样的初始质量，mg，精确到 1mg；

　　　L_R——冷却后的试样未烧蚀的长度，mm，精确到 0.05mm；

　　　m_R——剩余试样的质量，mg，精确到 1mg。

测试参考标准《纤维增强塑料燃烧性能试验方法炽热棒法》（GB/T 6011—2005）。

9.7.3　实验仪器与材料

通风橱、炽热棒实验仪、秒表、游标卡尺、分析天平、阻燃复合材料。

炽热棒实验仪如图 9-3 所示，由试样夹、电发热硅碳棒和辅助支架组成。

阻燃复合材料平板尺寸为 120mm×10mm×4mm。

9.7.4　实验内容与步骤

9.7.4.1　试样准备

按 120mm×10mm×4mm 的尺寸加工 10 根试样，并注明 A 面（上表面）和 B 面（下表面），将试样放置在干燥器中平衡至少 24h（A 面向上以及 B 面向上各 5 根）。

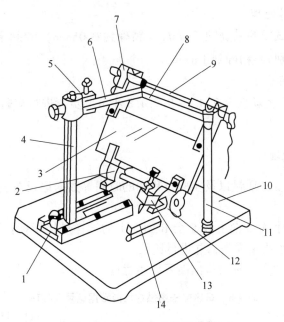

图 9-3 炽热棒实验仪示意图

1—滑动底板；2—轴承；3—绝缘支架；4—立柱；5—试样夹；6—试样；7—夹具；8—定位棒；
9—炽热棒；10—底板；11—定位棒立柱；12—止动螺钉；13—平衡重锤；14—垫片

9.7.4.2 试样测量

测量试样长度 L_0，质量 m_0，长度精确到 0.05mm，质量精确到 1mg。

9.7.4.3 校定试样装卡位置

选直径为 8mm 的玻璃棒或金属棒作为定位棒，将清理干净的炽热棒倾斜，将定位棒转至炽热棒原位，水平固定试样，使试样端面与定位棒接触，然后转开定位棒，将试样夹紧。

9.7.4.4 炽热棒准备及校准

将炽热棒放入通风橱中，关闭橱窗通风和抽气开关，待实验结束后再迅速抽气通风。

用交流或直流电压加热炽热棒，用变压器控制电流并使炽热棒温度稳定在（955±15）℃（可以用纯度为 99.8%、厚度为 0.06mm 的银箔（熔点为 955℃）校准炽热棒温度；亦可用高温热电偶和温度记录仪器来校准）。

9.7.4.5 开始实验

在炽热棒达到 955℃时用绝缘支架转动炽热棒，使它与试样端口接触，由于有平衡重锤，炽热棒和试样有 0.3N 的接触力，一接触时马上用秒表开始计时，加热 180s，再将炽热棒转离试样，断电熄火。

9.7.4.6 记录数据

记录在炽热棒接触试样起到试样第一次出现火焰的时间 t_1，炽热棒离开试样起到试样火焰熄灭的时间 t_n（精确至 1s），并计算燃烧时间 $t = t_n - t_1$。同时记录燃烧时的现象：明火、阴火、火焰大小、烟雾大小、烟雾和火焰的颜色、燃烧中试样是否开裂分层等。

9.7.4.7 燃烧后处理

准确测定冷却后试样的未烧蚀长度 L_R（精确到 0.05mm）和剩余质量 m_R（注意区分真烧和烟熏变色的差别），精确到 1mg。

9.7.4.8 对比实验

调换试样 AB 面，重新按 9.7.4.1~9.7.4.8 小节的步骤进行实验，观察各燃烧指标是否有明显差别。

9.7.5 实验记录及处理

（1）将试样的长度、质量以及实验过程中的时间等数据记录在表 9-8 中，计算烧蚀长度及质量。

（2）分别记录 5 个 A 面向上和 5 个 B 面向上的试样燃烧指标：平均燃烧时间、平均烧蚀长度以及平均烧蚀质量损失，并进行比较。

（3）结合所观察的实验现象写出简要评述意见。

表 9-8 炽热棒法测燃烧性能数据记录及处理

设备名称、型号、生产厂家_____   试样材料：_____

序号	L_0/mm	m_0/mg	t_1/s	t_n/s	t/s	L_R/mm	m_R/mg	L/mm	α/%
1									
2									
3									
4									
5									
平均值									

9.8 复合材料热变形温度测定实验

9.8.1 实验目的和要求

（1）掌握复合材料热变形性能的测试方法。

（2）掌握热变形仪的操作方法。

9.8.2 实验原理和方法

当试样浸在一种等速升温的液体传热介质中，在简支梁式的静弯曲负荷作用下，试样弯曲变形达到规定值时的温度为热变形温度。

试样放在跨度为 l 的两支座上，在跨度中间施加质量 P，则试样的弯曲应力为：

$$\sigma = \frac{3Pl}{2bh^2} \tag{9-12}$$

式中 σ ——试样弯曲正应力，kg/cm^2；

P ——在跨度中间施加在试样上的质量，kg；

　　　　l ——两支点间跨距，cm；

　　　　b ——试样宽度，cm；

　　　　h ——试样高度，cm。

　　由式（9-12）可知，只要根据试样的宽度和高度，就可计算出需加在简支梁中点的质量 P：

$$P = \frac{2\sigma b h^2}{3l} \tag{9-13}$$

　　但 P 是总质量，它还包括负载杆和压头的质量以及变形测量装置的附加质量，故实际加载的质量应按式（9-14）计算：

$$W = P - R - F \tag{9-14}$$

式中　　W ——实际加载质量，kg；

　　　　P ——计算加载质量，kg；

　　　　R ——负载杆及压头的质量，kg；

　　　　F ——变形测量装置的附加质量，kg。

　　接着应当确定试样在一定负载下产生的最大变形值，即终点挠度值。试样的最大变形量完全取决于试样的高度，当试样高度变化时，其最大变形量也发生变化，试样高度与相应的最大变形量关系如表9-9所示。

表 9-9　试样高度变化时相应的变形量　　　　　　　　　　　　（mm）

试样高度	相应变形量	试样高度	相应变形量
9.8~9.8	0.33	12.4~12.7	0.26
10.0~10.3	0.32	12.8~13.2	0.25
10.4~10.6	0.31	13.3~13.7	0.24
10.7~10.9	0.30	13.8~14.1	0.23
11.0~11.4	0.29	14.2~14.6	0.22
11.5~11.9	0.28	14.7~15.0	0.21
12.0~12.3	0.27		

　　测试参考标准《塑料　负荷变形温度的测定　第 2 部分：塑料和硬橡胶》（GB/T 1634.2—2019）。

9.8.3　实验仪器与材料

　　（1）ZWK 3 型热变形仪。加热箱体包括电热装置、自动等速升温系统、液体介质存放浴槽和搅拌器等。浴槽内盛放温度范围合适和对试样无影响的液体传热介质，一般选用室温时黏度较低的硅油、变压器油、液体石蜡或乙二醇等。加热箱体的结构应保证实验期间传热介质以（12±1）℃/6min 的速度等速升温。

　　实验架是用来施加负载并测量试样形变的一种装置，它的结构如图 9-4 所示。实验架除包括图示的构件外，还包括搅拌器和冷却装置。负载由一组大小合适的砝码组成，加载后能使试样产生的最大弯曲正应力为 18.5kg/cm² 或 4.6kg/cm²。负载杆压头的质量及变形测量装置的附加力视为负载中的一部分，应计入总负载中。变形测量装置的精度为 0.01mm。

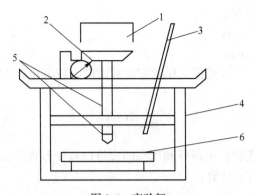

图 9-4　实验架

1—砝码；2—百分表；3—温度计；4—支架；5—负载杆及压头；6—试样

（2）增强纤维热塑性聚合物。试样应是截面为矩形的长条，其尺寸为：长度 $L = 120mm$，高度 $h = 10mm$，宽度 $b = 6mm$。试样表面应平整光滑，无气泡，无锯切痕迹、凹痕或飞边等缺陷，每组试样至少两个。

9.8.4　实验内容与步骤

（1）将试样对称地放在试样支座上，高度为 10mm 的一面垂直放置，放下负载杆，将试样压住。

（2）保温浴槽内传热介质的起始温度与室温相同，如果经证明试样在较高的起始温度下也不影响实验结果，则可提高起始温度。

（3）测量试样中点附近的高度 h 和宽度 b，精确至 0.05mm，并计算实际应加的砝码质量。

（4）把装好试样的支架下降到浴槽内，试样应位于液面 35mm 以下，加入步骤（3）中计算所得的砝码，使试样产生所要求的最大弯曲正应力（18.5kg/cm² 或 4.6kg/cm²）。

（5）5min 后再调节变形测量装置，使之示数为零。

（6）将仪器的升温速度调节为 120℃/h。

（7）开启仪器进行实验，当试样中点弯曲变形量达到设定值后，仪器自动停止运行。

（8）实验结束后先将冷却水打开，使导热介质迅速冷却以备再次实验。最后切断外电源。

9.8.5　实验记录及处理

将测得的温度等记录在表 9-10 中，并进行数据处理。

表 9-10　热变形温度数据记录及处理

序号	试样材料	所用砝码质量 m/kg	最大弯曲正应力 m_3/g	起始温度 $t_1/℃$	热变形温度 $t_2/℃$
1					
2					
3					

序号	试样材料	所用砝码质量 m/kg	最大弯曲正应力 m_3/g	起始温度 t_1/℃	热变形温度 t_2/℃
4					
5					
平均值	—	—	—	—	—
标准差	—	—	—	—	—
离散系数	—	—	—	—	—

9.9 复合材料电阻率测试实验

9.9.1 实验目的和要求

（1）了解电阻系数测试仪的一般原理及结构。

（2）掌握复合材料表面电阻和体积电阻系数的测试方法和操作要点。

9.9.2 实验原理和方法

电阻率是用来表示各种物质电阻特性的物理量。某种材料所制成原件的电阻和其横截面积的乘积与该原件长度的比值称为这种材料的电阻率。电阻率与导体的长度、横截面积等因素无关，是导体材料本身的电学性质，由导体的材料性质决定，且与温度有关。按照电阻率大小，材料可以分为导体、半导体和绝缘体 3 大类。一般以 $10^6\Omega \cdot \text{cm}$ 和 $10^{12}\Omega \cdot \text{cm}$ 为基准，电阻率低于 $10^6\Omega \cdot \text{cm}$ 的材料为导体，高于 $10^{12}\Omega \cdot \text{cm}$ 的为绝缘体，介于两者之间的为半导体。然而，在实际中材料导电性的区分又往往随应用领域的不同而不同，材料导电性能的界定是十分模糊的。

测量材料电阻系数的原理仍然是欧姆定律（$R = U/I$），让试样与两电极接触，给两电极施加一个直流电压，材料试样表面和内部就会产生一个直流电流，该电压与电流之比就是该试样的电阻，结合试样的具体尺寸就能计算它的电阻系数（或电阻率）。绝缘材料的电阻 R 很大，电流 I 很小，所以测量高电阻仪器的电流放大系统的可靠性和准确性很重要，甚至决定实验是否成功。另外输入电源电压以及仪器内部变压升压值的准确性也直接影响测量结果，因此，仪器的电源最好是稳压源。电极与试样接触是否良好也是一个重要影响因素。实验时电阻值是可以直接读出来的，电阻率则通过电阻与试样尺寸关系的计算而得到。

体积电阻指在试样表面两电极间所加直流电压与流过这两个电极之间的稳态电流之商，不包括沿试样表面的电流，且在两电极上可能形成的极化忽略不计。

体积电阻率指在绝缘材料内直流电场强度和稳态电流密度之商，即单位体积内的体积电阻。

表面电阻指在试样表面两电极间所加电压与在规定的电化时间里流过两电极间的电流之商，在两电极上可能形成的极化忽略不计。

表面电阻率指在绝缘材料表面直流电场强度与线电流密度之商，即单位面积的表面电阻。

可按式（9-15）和式（9-16）分别计算被测试样的体积电阻率 ρ_V（单位：$\Omega \cdot cm$）和表面电阻率 ρ_s（单位：Ω）：

$$\rho_V = R_V \frac{\pi r^2}{h} \tag{9-15}$$

$$\rho_s = R_s \frac{2\pi}{\ln \dfrac{d_2}{d_1}} \tag{9-16}$$

式中　R_V——体积电阻，Ω；

　　　R_s——表面电阻，Ω；

　　　h——试样厚度，cm；

　　　r——圆电极半径，$r = d/2$，cm；

　　　d_2——外圈圆环电极内径，cm；

　　　d_1——圆电极直径，cm。

9.9.3　实验仪器与材料

LCR 智能电桥（电阻为 $0.001 \sim 100 M\Omega$）、高阻表（测量范围为 $10^6 \sim 10^{15}\Omega$）、电极装置、电源稳压器。

LCR 智能电桥是一种综合电器测量仪，测量原理是欧姆定律，测量结果由仪器自动显示出来；仪器上只有两电极与外部相连，测量时将试样电极与仪器两电极连接就可以了。

高阻表由带屏蔽盒的圆形电极装置（见图 9-5）、变压器、微电流放大器及显示装置（毫安表，毫安值已转换或电阻值）4 部分组成。

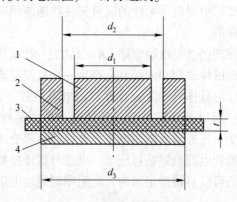

图 9-5　板状试样与电极

1—测量电极；2—保护电极；3—高压电极；4—试样；

t—试样厚度；d_1—测量电极直径；d_2—保护电极内径；d_3—高压电极直径

9.9.4　实验内容与步骤

9.9.4.1　导电复合材料电阻系数的测定

（1）试样准备。测量前将试样放在干燥器中处理至少 24h。试样是圆形板状，平整，厚度均匀，表面光滑，无气泡和裂纹。试样直径为 50mm 或 100mm，厚度为 1～4mm，试样数量为 5 个。

（2）安装试样。按图 9-5 安装好试样。

（3）测量。将 LCR 智能电桥接入电源，按 R 键，R 下面二极管发光，进入测量状态。

（4）试样电阻测试。将测量电极与智能电桥的两个输入电极相连，如果分别与 1、3 电极连接，则仪器显示的是试样的体积电阻值 R_V；如果分别与 1、2 电极连接，则显示的是环形表面电阻值 R_s。

9.9.4.2 绝缘复合材料电阻率的测定

（1）试样准备。与测定电阻系数时的准备过程一样。

（2）击穿实验鉴定试样。在实验前要做耐电压击穿试验，要求试样耐 1500V 电压，否则在测试中试样一旦被击穿，对高阻表和电极的损坏是非常严重的。一般玻璃钢板材如没有杂质，耐压可达 10kV/mm，所以如不能做耐压测定，就必须仔细检查试样，其中不应有导电杂质混入。

（3）接线。为保证电极与试样接触良好，用医用凡士林将退火铝箔粘贴在试样的两面，凡士林应很薄且均匀，按图 9-6 接线。当绝缘电阻值大于 1010Ω 时，测量结果易受外界电磁场干扰，影响数值的精确度，故应用铁盒屏蔽电极和试样，连接线采用同轴屏蔽电缆，并接地。

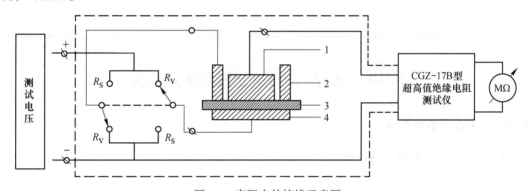

图 9-6　高阻表外接线示意图

1—上电极（测量电极）；2—保护电极；3—绝缘材料试样（平板型）；4—底电极

（4）校正、调零。开机之前检查仪表各旋钮位置，欧姆表置于"0"位，电压表置于"0"位，测量调零钮置于"调零"位，保持工作钮置于"工作"位，然后才能开机。开机后预热 1h，将电表指针调整为零，即电阻值为无穷大。

（5）选择开关。选择测试电压和倍率开关，取 R_V 或 R_s 挡。

（6）测量。将开关放于"测量"位置，打开输入电路开关就可读出一个电阻值，此电阻值乘以倍率，并乘以电压开关所指系数就为所测得的 R_V 或 R_s。

（7）短路放电。将开关从"测量"位置调换成"放电"位置，使试样两面短路放电。

（8）记录数据。取试样测 3 点以上的厚度，取平均值，测量电极的 d_1 和 d_2，也可由仪器说明书提供 d_1 和 d_2 值。

9.9.4.3 注意事项

（1）对于绝缘复合材料试样最好只测一次，如测第二次则须使试样充分放电，否则残余电场会导致测量失误。

（2）使用高阻表的高压挡时，要注意免遭电压击伤。

（3）潮湿环境将严重影响实验结果，要选择干燥的房间作为电性能测试室。

9.9.5　实验记录及处理

（1）将测得的材料的厚度等记录在表 9-11 中并进行数据处理。其中提前预设有关仪器设备的参数。

（2）按式（9-15）和式（9-16）计算体积电阻率和表面电阻率，并记录在表 9-11 中。

（3）比较不同复合材料电阻率的差别，并解释说明其原因。

表 9-11　电阻率测定数据记录及处理

设备名称、型号、生产厂家＿＿＿＿＿＿＿＿　　　　　　试样材料：＿＿＿＿＿＿＿＿

序号	h/mm	R_V/Ω	R_s/Ω	$\rho_\mathrm{V}/\Omega\cdot\mathrm{cm}^{-1}$	ρ_s/Ω
1					
2					
3					
4					
5					
平均值					

9.10　复合材料介电性能测试实验

9.10.1　实验目的和要求

（1）掌握复合材料介电性能的测试方法。

（2）掌握阻抗分析仪的操作方法。

9.10.2　实验原理和方法

介电性能是指在电场作用下，表现出静电能的储蓄和损耗的性质，通常用介电常数和介质损耗来表示。材料应用高频技术时，如实木复合地板用高频热压时介电性能是非常重要的性质。介质在外加电场时会产生感应电荷而削弱电场，原外加电场（真空中）与最终介质中电场比值即为介电常数。介质损耗角正切值或介质损耗因数又称为 $\tan\delta$，是衡量绝缘材料质量的一个基本参数。$\tan\delta$ 取决于几个参数，如测试频率、电极设计、材料特性、环境、湿度、温度、施加电压，且主要取决于测试频率。频率范围又取决于测试单元和电极设计、样品和连接导线的尺寸。因此，在本实验中，所使用频率的参数限制在 0.1Hz～10MHz 的极低频范围内。

测量的绝缘材料的介电常数 ε 是其相对介电常数 ε_r 和真空介电常数 ε_0 的乘积，可用式（9-17）表示：

$$\varepsilon = \varepsilon_0 \times \varepsilon_\mathrm{r} \tag{9-17}$$

介电常数以法拉每米（F/m）为单位，真空介电常数 $\varepsilon_0 = 8.854187817 \times 10^{-12}$ F/m，相对介电常数是绝对介电常数和真空介电常数的比值。

在恒定电场和足够低频率的交变电场情况下，各向同性或准各向同性电介质的相对介电常数等于电容器的电容与真空中相同电极结构的电容的比值，其中电极之间和电极周围的空间完全充满电介质。

在实际工程中，通常用相对介电常数表示介电常数。绝缘材料的相对介电常数 ε_r 是电容性试样（电容器）加入到电极间所测得的电容 C_x 与电极之间为真空时测得的电容 C_0 的比值，如式（9-18）所示，其中试样完全填充两电极之间的空间：

$$\varepsilon_r = \frac{C_x}{C_0} \tag{9-18}$$

$$C_0 = \varepsilon_0 \frac{A}{h} = 0.08854 \frac{A}{h} \tag{9-19}$$

在标准大气压下，不含二氧化碳的干燥空气的相对介电常数 ε_r 等于 1.00053。因此在实践中，空气中电极结构的电容 C_a 通常可代替 C_0 来确定相对介电常数 ε_r 具有足够的精度。

在稳定正弦电场下，相对复介电常数是以复数来表示的介电常数：

$$\underline{\varepsilon}_r = \varepsilon_r' - j\varepsilon_r'' = \varepsilon_r \times e^{-j\delta} \tag{9-20}$$

其中，ε_r' 和 ε_r'' 为实数。

介质损耗因数 $\tan\delta$（损耗角正切值）是复介电常数虚部与实部的比值：

$$\tan\delta = \frac{\varepsilon_r''}{\varepsilon_r'} \tag{9-21}$$

因此，当固体绝缘材料专门用作电容性试样（电容器）时，绝缘材料的介质损耗因数 $\tan\delta$ 是 $\pi/2$ 弧度减去施加电压与产生电流的相位差 φ 所得角 δ（介质损耗角）的正切值。介质损耗因数也可用等效电路图表示，图 9-7 中使用理想电容器串联或并联电阻。

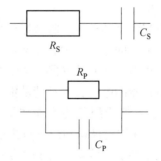

图 9-7 等效电路图

R_S—串联电路中的电阻器；C_S—串联电路中的理想电容器；
R_P—并联电路中的电容器；C_P—并联电路中的理想电容器

此时有以下公式：

$$\tan\delta = \omega C_S \times R_S = \frac{1}{\omega C_P \times R_P} \tag{9-22}$$

$$\frac{C_P}{C_S} = \frac{1}{1 + \tan^2\delta} \tag{9-23}$$

$$\frac{R_P}{R_S} = 1 + \frac{1}{\tan^2\delta} \tag{9-24}$$

其中，R_P 和 R_S 与绝缘材料的体积和表面电阻没有直接关系，但受其影响。因此，介质损耗因数也可能受到这些材料电阻特性的影响。C 是电荷量 q 与电位差 U 之比。电容值总是正值。当电荷以库仑表示并且电势以伏特表示时，单位为法拉。

测试参考标准《固体绝缘材料 介电和电阻特性 第 6 部分：介电特性（AC 方法）相对介电常数和介质损耗因数（频率 0.1 Hz~10MHz)》（GB/T 31838.6—2021）。

9.10.3 实验仪器与材料

阻抗分析仪、介电材料测试夹具。

为确定材料的介电常数和介质损耗因数，宜优先使用片状试样。若材料形状只能是管状，则试样厚度应与其实际应用厚度相接近。

当测量介电常数要求高精度时，不确定度主要来源于试样的尺寸，特别是厚度，因此试样尺寸应足够大，以使测量达到所要求的精度。厚度的选择取决于试样的制备方法以及不同点厚度的可能变化。应通过在试样电气测试区域上系统地测量来确定厚度，且平均厚度应均匀到±1%。选择的试样面积应提供足够的电容以达到测量所要求的精度。经验表明，典型试样的电容大约在 10pF 到 100pF 之间。

当测量的介质损耗因数比较小时，由导线串联电阻引入的损耗尽可能小，否则需要修正，即电阻与被测电容的乘积尽可能小。同时，测量电容与总电容的比值尽可能大。最佳的方案是试样的电容约为 20pF，与试样并联的测量电路的电容不超过 5pF。可使用尺寸为 $l \times w \times l$（其中，$l \geqslant 100$mm；$w \geqslant 100$mm；$l = 1$mm±0.5mm）的平板试样。

9.10.4 实验内容与步骤

（1）制备介电材料：制作适当大小的试样。将薄膜电极贴到试样表面。

（2）连接被保护电极：选择适当的电极并把它安装到 16451B 介电材测试夹具上。

（3）连接 16451B：将 16451B 连接到测量仪器的未知端子上。

（4）电缆长度补偿：将测量仪器的电缆长度补偿功能设置为 1m。

（5）补偿 16451B 的剩余阻抗：使用配备的附件在特定频率上执行开路和短路补偿。此操作必须在将被保护电极和未被保护电极调整成平行之前实施。

（6）调整电极：为了提高测量性能，测量系统提供了一个机械装置，用于将被保护电极和未被保护电极调整为相互平行。完成此项调整后，若使用接触电极法，可以最大限度减少出现空气间隙的可能性；而若是使用非接触电极法，则可以形成厚度均匀的空气间隙。

（7）设置测量条件：在测量仪器上设置频率和测试电压等测量条件。

（8）补偿 16451B 的剩余阻抗：使用配备的附件对设置的测量条件实施开路和短路补偿。

（9）在电极之间插入试样。

（10）C_p-D 测量：测量电容（C_p）和耗散系数（D）。

9.10.5　实验记录及处理

将测得的电容（C_p）和耗散系数（D）记录在表 9-12 中，并按式（9-25）计算介电常数。

$$\varepsilon_r = \frac{t_m \times C_p}{A \times \varepsilon_0} = \frac{t_m \times C_p}{\pi \left(\dfrac{d}{2}\right)^2 \times \varepsilon_0} \tag{9-25}$$

$$\tan\delta = D \tag{9-26}$$

表 9-12　介电性能测定数据记录及处理

设备名称、型号、生产厂家＿＿＿＿＿＿＿＿＿＿　　　　　　　　试样材料：＿＿＿＿＿＿＿＿

序号	等效平行电容 C_p/F	耗散系数 D	试样平均厚度 t_m/m	被保护电极表面积 A/m²	被保护电极直径 d/m	试样介电常数 ε_r
1						
2						
3						
平均值	—	—	—	—	—	—

9.11　复合材料透光率测试实验

9.11.1　实验目的和要求

（1）掌握玻璃钢透光率的测试方法。
（2）掌握雾度仪的操作方法。

9.11.2　实验原理和方法

玻璃钢属于光学上的非均一物体，当可见光通过玻璃钢时便产生散射现象。由于玻璃纤维的直径要比可见光的波长大好几倍，且相邻两根纤维之间的距离一般都不超过纤维直径的两倍，因此，需要用多次散射理论来描述光通过玻璃钢介质时的现象。影响玻璃钢透光率的因素主要有：玻璃纤维和黏结剂的折射率；玻璃纤维和黏结剂的光吸收系数；玻璃纤维的直径及其在玻璃钢中的体积分数。

玻璃纤维的直径对玻璃钢透光系数的影响表现为直径越细，透光系数越小。这是由于在相同纤维含量下，纤维的直径越细，表面积越大。玻璃纤维的体积分数对玻璃钢透光系数的影响则比较复杂，一般情况下，玻璃钢的透光系数随玻璃纤维体积分数的增加而减小。但如果玻璃纤维的折射率与黏结剂的折射率相差甚微，且玻璃纤维的吸收系数小得多，则可能发生玻璃钢的透光率随玻璃纤维体积分数的增加而增大的情况。

对玻璃钢透光率起决定作用的是玻璃纤维与黏结剂两者折射率的差值。两者差值越小，则玻璃钢的透光率越大。当两者差值非常小或在极端情况下两者数值相等时，在此条件下，影响玻璃钢透光率的因素只是玻璃纤维与黏结剂的吸收系数，而玻璃纤维的直径将不起作用。在实践中，对透明玻璃钢必须十分重视玻璃纤维与黏结剂之间的界面状况，因为任何一点界面黏结的破坏，将导致界面反射系数的急剧增大，从而导致玻璃钢透光率的严重下降。

透过试样而偏离入射光方向的散射光通量与透射光通量之比称为雾度，用百分数表示（本实验仅把偏离入射光方向 2.5°以上的散射光通量用于计算雾度）。透光率是透过试样的光通量与射到试样上的光通量之比，用百分数表示。为了准确地评定玻璃钢的透光率和雾度，可以使用雾度计（见图 9-8）。测试参考标准《透明塑料透光率和雾度的测定》（GB/T 2410—2008）。

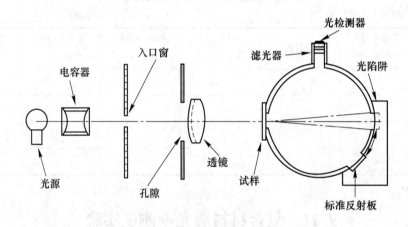

图 9-8　雾度计示意图

9.11.3　实验仪器与材料

雾度计、玻璃钢试样（直径 50mm 的圆片或 50mm×50mm 的方片）、游标卡尺。

9.11.4　实验内容与步骤

（1）安装仪器后，检查样池位置，使其处在光路中，关好样品室门，打开仪器电源开关，方式选择指示灯在透射比位置，预热 10min。

（2）按需要调节波长旋钮，使波长显示窗显示所需波长值。

（3）按方式选择键使透射指示灯亮，并使空白在光路中，按 100% 键调 100%，待显示窗显示 "10010" 即表示调好。

（4）打开样品室门在样池中放挡光片，关闭室门，观察显示窗是否为零，否则调零。

（5）关上样品室门取走挡光片，显示窗应为 "10010"，否则重调。

（6）打开室门，把被测玻璃样品依次放入光路中，关上室门，按表 9-13 操作，读取 T_1、T_2、T_3 和 T_4。

表 9-13 读数步骤

检流计读数	试样是否在位置上	光陷阱是否在位置上	标准反射板是否在位置上	得到的量
T_1	不在	不在	在	入射光通量
T_2	在	不在	在	通过试样的总透射光通量
T_3	不在	在	不在	仪器的散射光通量
T_4	在	在	不在	仪器和试样的散射光通量

9.11.5 实验记录及处理

将测得的 T_1、T_2、T_3 和 T_4 数据记录在表 9-14 中，并分别按式（9-27）和式（9-28）计算透光率 T_t 和雾度 H。

$$T_t = \frac{T_2}{T_1} \times 100 \qquad (9\text{-}27)$$

$$H = \left(\frac{T_4}{T_2} - \frac{T_3}{T_1} \right) \times 100 \qquad (9\text{-}28)$$

表 9-14 透光率测定数据记录及处理

设备名称、型号、生产厂家_____　　　　　　　　试样材料：_____

序号	入射光通量 T_1	通过试样的总透射光通量 T_2	仪器的散射光通量 T_3	仪器和试样的散射光通量 T_4	透光率 T_t	雾度 H
1						
2						
3						
平均值	—	—	—	—		

9.12 复合材料加速老化实验

9.12.1 实验目的和要求

（1）加深对树脂基复合材料在大气环境中老化现象的认识。

（2）学习正确分析老化实验的结果。

（3）掌握加速老化实验的设计和操作要点。

9.12.2 实验原理和方法

自然光、热、氧气、水蒸气、风沙、微生物等的侵蚀都会引起材料表面和内部的损伤和破坏，且随时间延长，最终使它失去使用价值，这个过程称为老化或风化。复合材料尤其是树脂基复合材料的老化在某些地区相当严重。通常采用加速老化方法来估算某一复合材料制品的使用寿命。所谓"加速"有两种方法：（1）加大光照、氧气、水蒸气等的作用量；（2）提高温度。实际上，很多加速老化实验同时兼有两种"加速"方式，用较少时间的实验推算出较长时间的使用效果。但是，目前各地气候条件不尽相同，到底加速老化与自然老化之间的换算关系如何，没有统一规定。

因为弯曲实验中材料受力复杂，可以较好地反映老化过程中性能的变化，所以，选定复合材料弯曲强度为检测老化程度的判定指标。但在实验中也可根据实际需要而选定别的性能指标，例如，巴氏硬度就是既实用又简便的检测指标。

本实验包括两部分内容：室外自然老化实验和室内加速老化实验。测试参考标准《塑料热老化试验方法》（GB/T 7141—2008）。

9.12.3　实验仪器与材料

加速老化实验箱、万能试验机、三点弯曲装置、室外老化试样架、复合材料试样。

试样：制备若干块厚度基本相同的层压板，按弯曲实验的试样尺寸加工试样，实验的数量 m 按式（9-29）计算：

$$m = 5c + n \tag{9-29}$$

式中　c——总的抽样次数；

　　　n——备用数。

9.12.4　实验内容与步骤

9.12.4.1　试样初始性能测试

取 5 个试样在标准条件下测定起始平均弯曲强度 $\bar{\sigma}_0$、标准差 S_0 和离散系数 C_0，并观察外观情况。

9.12.4.2　室外自然老化

将 5 组 25 个试样及备用试样放在房顶上按当地纬度倾斜角朝南暴露在室外自然老化，每月取一次试样，用标准实验条件测定平均弯曲强度 $\bar{\sigma}'_1$、标准差 S'_1、离散系数 C'_1，直至测量到 $\bar{\sigma}'_5$、S'_5、C'_5，将这些数据作为自然老化的系列数据。

9.12.4.3　蒸馏水中老化

将 5 组 25 个备用试样浸没于蒸馏水中，放于室内室温下，每月取一次样品并测量其平均弯曲强度、标准差和离散系数，记为 $\bar{\sigma}^0_1$、S^0_1、C^0_1、…、$\bar{\sigma}^0_5$、S^0_5、C^0_5，将这些数据作为室温蒸馏水中老化的系列数据。

9.12.4.4　蒸馏水煮沸老化

取一个直径为 22cm 的高压锅，在盖上打一孔，装上水冷凝器，取走高压安全阀，装一个温度计，在锅内底上放一个不锈钢丝网，将足够的试样排成"#"字形置于锅内，使蒸馏水浸没试样，然后盖上锅盖，放于可调电炉上加热至沸腾，冷凝器通凉水冷却，保持沸腾和回流，锅内温度为 100℃。每隔 8h 取一次样，测弯曲强度，得到一组实验数据 $\bar{\sigma}^n_1$、S^n_1、C^n_1、…、$\bar{\sigma}^n_5$、S^n_5、C^n_5，将这些数据作为加速水浸老化的系列数据。

9.12.4.5　人工气候箱老化

取足够量的试样放于人工气候箱中，适当提高温度，延长人造日光的照射时间，定时降雨，每间隔一定时间取一次样，测定弯曲强度，可以得到一系列的加速人工气候实验数

据 $\bar{\sigma}_1$、S_1、C_1，$\cdots$，$\bar{\sigma}_n$、S_n、C_n。

9.12.5　实验记录及处理

（1）将测得的复合材料老化前后的弯曲力学性能记录在表 9-15 中并进行数据处理。

（2）对各加速老化条件下测得的平均弯曲强度、标准差、离散系数进行比较、分析，并与 $\bar{\sigma}_0$、S_0 和 C_0 进行比较。

表 9-15　老化实验数据记录

试样材料：_____

序号	1	2	3	4	5
$\bar{\sigma}_0$ /MPa					
S_0					
C_0					
$\bar{\sigma}_1'$ /MPa					
S_1'					
C_1'					
$\vdots$					
$\bar{\sigma}_5'$ /MPa					
S_5'					
C_5'					

9.13　复合材料耐腐蚀性实验

9.13.1　实验目的和要求

（1）掌握复合材料耐腐蚀性的检测方法及操作要点。

（2）熟悉评价材料耐腐蚀性的方法。

9.13.2　实验原理和方法

复合材料耐腐蚀性是指当材料处于酸、碱、盐等溶液或有机溶剂中时，抵抗这些化学介质对其腐蚀破坏作用的能力。

同等质量玻璃纤维的表面积比块状玻璃的表面积大得多，它抵御酸、碱、盐及有机溶剂侵蚀的能力也比整块玻璃或玻璃容器低很多。树脂是由不同原子通过化学键连接起来的，对不同的化学介质表现出的抗腐蚀能力也不同。

按腐蚀的本质或机理来分析，腐蚀可分为化学腐蚀、电化学腐蚀和物理腐蚀等。化学腐蚀是指物质之间发生了化学反应，物质分子发生了变化；电化学腐蚀是发生了电化学过程而导致的腐蚀；物理腐蚀是指物理因素引起的腐蚀，物质分子不变。

复合材料及其制品在与化学介质接触时发生腐蚀的机理很复杂，但主要还是上述 3 类腐蚀方式，究竟以哪一类腐蚀为主，不能一概而论。一般的腐蚀过程大概为：当复合材料与化学介质接触时，化学介质中的活性离子、分子或基团通过纤维或树脂的界面、小孔隙、树脂分子间空隙向复合材料内部渗透、扩散，在温度和时间作用下，它们就从材料表面转移到内部，与树脂和纤维中的活性结构点反应，逐渐地改变树脂和纤维的本来面目。同时材料内部的杂质等也可形成小微电池而在电解质溶液中发生电化学反应。溶解、溶胀等作用使树脂与纤维界面破坏，或使树脂分子链断裂。这些过程是无时无刻不在进行的，这个过程累积的结果就是材料被腐蚀，最终导致材料的破坏。

可以根据所处环境的不同选择制备复合材料的纤维和树脂，且复合材料成型工艺简单，所以，其在各种腐蚀环境下得到了广泛的应用。随着工业的发展，迫切需要耐多种化学药品腐蚀和使用寿命更长的复合材料。因此，掌握耐化学腐蚀性能的实验和评价方法对研究和使用耐腐蚀材料十分必要。

一般来说，在相同条件下，哪种材料的外观、巴氏硬度、弯曲强度变化小，则其在该条件下的耐腐蚀性能越好；反之亦然。测试方法参考标准《玻璃纤维增强热固性塑料耐化学介质性能试验方法》（GB/T 3857—2017）。

9.13.3　实验仪器与材料

广口玻璃容器（如介质为强碱性，则用低压聚乙烯广口容器），供室温条件下实验用；配有回流冷凝器的广口玻璃容器，供加温实验用；恒温槽，控温精度为±2℃；巴氏硬度计；分析天平；万能试验机及三点弯曲实验装置。

9.13.4　实验内容与步骤

9.13.4.1　试样制备

（1）选取层压板，按弯曲实验的标准试样尺寸（80mm×15mm×4mm）制备试样。试样表面平整，有光泽，不应有气泡、裂纹，无缺胶漏丝。

试样总数 N 可按式（9-30）计算：

$$N = nsTI + n \tag{9-30}$$

式中　n——每次实验的试样数，最少 5 个；

　　　s——试样介质种类数；

　　　T——实验温度的组数；

　　　I——实验期龄数（一种实验的取样次数）。

（2）将每一个试样用常温固化环氧树脂封边，然后将试样分别编号。

9.13.4.2　测初始值

测定试样未腐蚀之前的弯曲强度 σ_0、巴氏硬度 B_0、试样原始质量 m_0，并记录其外观状态。

9.13.4.3　配制腐蚀性化学介质

（1）配制浓度为 30% 的硫酸溶液，注意配制时将硫酸沿玻璃棒缓慢倒入水中，不应倒反。

（2）配制浓度为10%的氢氧化钠溶液。

（3）也可按实际需要配制其他化学介质。

9.13.4.4 选定实验条件和程序

（1）实验温度：室温和80℃。

（2）实验期龄（实验中可参考如下国标规定）：常温为1d、15d、30d、90d、180d、360d；80℃条件下为1d、3d、7d、14d、21d、28d。

9.13.4.5 实验过程

（1）将试样浸没在化学介质中，注意试样不靠容器壁，如试样表面附有小气泡，应使用毛刷将其抹去。常温条件下的实验应马上开始计时，并记录介质初始颜色。高温条件下的实验应将浸入介质的试样置于恒温槽中，当容器中介质达到80℃时开始计时，并在冷凝器中通入冷却水。

（2）用不锈钢镊子按期龄取样，测定性能：

1）观察并记录试样外观和介质的外观。

2）用自来水冲洗试样10min，然后用滤纸将水吸干，将试样放入干燥器中处理30min，随后马上测定巴氏硬度B_i，注意应在试样的两端测巴氏硬度，避开中间区域，以免影响弯曲性能的测量，然后马上按编号称量试样质量m_i。

3）将试样封装在塑料袋中，并在48h内测定弯曲强度σ_i。每次从取样到性能测定的时间应保持一致。

（3）如发现试样起泡、分层等严重腐蚀破坏现象，则终止实验，并记录终止时的时间；如只是个别的试样被破坏，则继续进行实验，记录试样破坏状态和破坏试样的数量。

（4）定期用原始浓度的新鲜介质更换实验中的变色介质。常温实验按30d、90d、180d更换；80℃下的试验按7d、14d、21d更换。

9.13.4.6 后续处理

实验结束后处理好实验介质，将其倒入废酸罐或废碱罐中。

9.13.5 实验记录及处理

（1）将实验过程中测得的质量、巴氏硬度、弯曲强度等数据记录在表9-16中。

表9-16 耐腐蚀实验数据记录

试样名称、介质、试验温度：＿＿＿＿＿＿＿＿＿＿

项目	编号	实验期龄					
		初始					
质量	1						
	2						
	3						
	4						
	5						
	平均值						

续表 9-16

项目	编号	实验期龄					
		初　始					
巴氏硬度	1						
	2						
	3						
	4						
	5						
	平均值						
弯曲强度	1						
	2						
	3						
	4						
	5						
	平均值						
外观	—						

（2）绘制不同介质、不同温度条件下试样巴氏硬度随实验期龄的变化曲线。

（3）绘制不同介质和不同温度条件下试样质量随实验期龄的变化规律曲线。

（4）按式（9-31）计算不同介质和不同温度下各期龄的弯曲强度变化率 $\Delta\sigma_i$（精确到 3 位有效数字），并绘制 $\Delta\sigma_i$ 随实验期龄变化的曲线。

$$\Delta\sigma_i = \frac{\sigma_i - \sigma_0}{\sigma_0} \times 100\% \tag{9-31}$$

10 循环利用实验

10.1 废聚氨酯发泡塑料回收利用实验

10.1.1 实验目的和要求

掌握力化学法回收废聚氨酯发泡塑料的方法。

10.1.2 实验原理和方法

硬质聚氨酯发泡塑料（RPUF，Rigid Polyurethane Foam）广泛应用于冷冻冷藏设备、汽车、屋顶、硬泡空心砖、贮罐管道绝热等领域，属于高交联度的、闭孔、低密度的热固性塑料，具有优良的物理机械性能、电学性能和耐化学性能，尤其是热导率特别低，但在满足人类需求的同时，也造成了很多的废弃物需要回收再利用。从经济角度看，能直接回收利用（即物理回收法）最好，但是制品的性能较差；从回收制品的使用性能来看，化学回收较好，但工艺复杂，耗能大，存在二次污染等；能量回收法不太符合环保理念。力化学法是在应力作用下，聚合物分子间和聚合物分子内的力被削弱，分子结构可被破坏，化学键可能发生畸变或断裂。此方法是在强剪切力作用下，通过加入解交联剂使 RPUF 小颗粒解交联，打开其中的一部分交联化学键，使之降解为低聚物，然后再将低聚物与其他塑料共混制成样条或板材，可替代同等性能的材料，如公园设施、家具、建筑材料等。

10.1.2.1 胺解法

聚氨酯泡沫在伯胺、仲胺化合物中很容易分解生成含有羟基及胺基的化合物，分解机理与酯交换反应相似。此反应的特点是胺基的反应性强，胺解反应可在较低的温度进行。在降解过程中主要的反应有氨基甲酸酯、脲基等断裂生成多元醇、多元胺以及芳香族化合物。主要反应如下。

氨基甲酸酯基断裂反应：

$$RNHCOOR_1 + H_2NC_2H_4NHC_2H_4NH_2 \longrightarrow RNHCONHC_2H_4NHC_2H_4NH_2 + R_1OH$$

脲基断裂反应：

$$RNHCONHR_1 + H_2NC_2H_4NHC_2H_4NH_2 \longrightarrow RNHCONHC_2H_4NHC_2H_4NH_2 + R_1NH_2$$

10.1.2.2 醇胺降解法

醇胺降解法是在高温下，利用链烷醇胺如单乙醇胺、二乙醇胺、三乙醇胺等能够使聚氨酯泡沫降解成低聚体，NaOH、Al(OH)$_3$ 和甲醇钠等催化剂可促进聚氨酯降解的反应速度。在反应中主要有氨基甲酸酯基断裂和脲基断裂，其反应历程如下。

氨基甲酸酯基断裂反应：

$$R_1NHCOOR_2 + H_2N(ROH)_2 \longrightarrow R_1NHCOORNHROH + R_1NHCON(ROH)_2 + R_2OH$$

脲基断裂反应：

$$R_1NHCONHR_2 + HN(ROH)_2 \longrightarrow$$
$$HCOORNHROH + R_2NH_2 + R_1NHCOORNHROH + R_1NHCON(ROH)_2$$

10.1.3 实验仪器与材料

废弃冰箱泡沫、四乙烯五胺（TEPA）、聚氯乙烯（PVC）、邻苯二甲酸二辛酯（DOP）、丙烯腈–丁二烯–苯乙烯共聚物（ABS）、三盐基性硫酸铅、硬脂酸钙、硬脂酸锌、液体石蜡。

开炼机、负压破碎机、高速混合机、平板硫化机、悬臂梁冲击试验机。

10.1.4 实验内容与步骤

（1）先将废弃 RPUF 用负压破碎机破碎成颗粒，再取 100 份 RPUF 颗粒与 30 份 TEPA 经开炼机制成 RPUF 粉末。

（2）将 70 份 RPUF 粉末、15 份 DOP、5 份 ABS、5 份三盐基性硫酸铅、1 份硬脂酸钙、0.5 份硬脂酸锌、1 份液体石蜡与 PVC 粉高速混合后，再经开炼机共混塑炼和平板硫化机压制成板。

（3）将再生板材与 PVC 板材制成冲击样条，用悬臂梁冲击试验机测试其冲击强度。

10.1.5 实验记录及处理

（1）将再生板材与 PVC 板材冲击样条的长、宽、厚以及缺口深度等记录在表 10-1 中并计算冲击韧性。

（2）比较再生板材与 PVC 板材抗冲击性能差异。

表 10-1 冲击性能数据记录及处理

设备名称、型号、生产厂家_____

冲击样条	序号	试样材料	试样尺寸（长×宽×厚)/mm×mm×mm	缺口深度/mm	吸收功/J	冲击韧度/kJ·m^{-2}
再生板材	1					
	2					
	3					
平均值						
PVC 板材	1					
	2					
	3					
平均值						

10.2 废弃玻璃钢制备人造花岗岩实验

10.2.1 实验目的和要求

掌握利用废弃玻璃钢制备人造花岗岩的方法。

10.2.2 实验原理和方法

随着玻璃钢产量和用量的逐年提高，其生产过程中产生的边角料以及每年报废的玻璃钢制品也逐年提高，国内针对玻璃钢废弃物主要是通过堆弃、填埋和物理回收。物理回收方法是将玻璃钢废弃物粉碎，分选以后或直接作为填料添加到树脂基和水泥基复合材料中。该处理方法成本低、工艺简单，但是作为原材料添加新材料以后，通常会导致产品性能的降低和成本的提高。

环氧树脂基人造花岗岩无论在厨具、卫浴等建筑装饰材料，还是在机床、设备基座的利用上都有重要的应用价值和意义。粉碎后的玻璃钢废弃物含有一定量的短切纤维、树脂基体粉末及添加的填料等，利用玻璃钢废弃物制备人造花岗岩产品可为其再利用提供新途径。

10.2.3 实验仪器与材料

环氧树脂 E-51、稀释剂 XY678、丙酮、固化剂 593、促进剂 DMP-30、超细重质碳酸钙（细度 800 目）、标准石英砂、花岗岩下脚料、废弃玻璃钢缠绕贮罐。

10.2.4 实验内容与步骤

（1）将花岗岩下脚料经清洗、破碎、筛分，取 10～16mm（大）、4.75～10mm（中）和 2.25～4.75mm（小）三种粒径范围的颗粒作为花岗岩骨料。

（2）将废弃玻璃钢缠绕贮罐经清洗干净、破碎，然后用 100 目、120 目、140 目、200目的标准筛进行筛分，取粒度分别为 125～150μm、106～125μm、75～106μm 或粒度小于75μm 的 GFRP 废粉待用。

（3）将骨料和粉料在 60℃条件下烘干 6h，充分干燥；称取花岗岩骨料 55 份（大、中、小骨料按质量比 1：2：1 混合）；环氧树脂胶黏剂 10.5 份（环氧树脂 E-51、环氧稀释剂 XY678、固化剂 593、促进剂 DMP-30 质量比为 100：10：24：3）；粒径为 125～150μm 的 GFRP 废粉 7.5 份；800 目超细重钙 7 份；标准石英砂 20 份。

（4）将花岗岩骨料、超细重钙、石英砂、GFRP 废粉混合，并充分搅拌均匀，搅拌 15min。

（5）另将环氧树脂、稀释剂、固化剂、促进剂充分搅拌均匀，搅拌 5min。

（6）将前两步得到的原料混合，并充分搅拌均匀，搅拌 10min，得物料。

（7）在铸铁模具内表面涂刷脱模剂。

（8）将混合均匀的物料浇注到模具后，采用振动台振实，振动 15min，并在物料上表面施加压力，压强为 2MPa，压实 10min，然后在室温下固化 12h。

（9）样品脱模后，放入 80℃的烘箱中后处理 4h，自然冷却，经切割、打磨和抛光后，得人造花岗岩。

（10）将人造花岗岩和花岗岩下脚料制成压缩试样，并检测其压缩性能。

10.2.5 实验记录及处理

（1）将试样的宽度、厚度、标距等记录在表 10-2 中。

（2）比较人造花岗岩和花岗岩下脚料压缩性能。

表 10-2　压缩性能数据记录及处理

设备名称、型号、生产厂家＿＿＿＿＿＿＿＿＿＿

压缩试样	序号	试样材料	试样宽度 b/mm	试样厚度 h/mm	标距 L/mm	压缩应力 σ_c/MPa	压缩应变 ε_c/%	压缩弹性模量 E_c/MPa
人造花岗岩	1							
	2							
	3							
平均值								
花岗岩下脚料	1							
	2							
	3							
平均值								

10.3　低温熔盐回收碳纤维实验

10.3.1　实验目的和要求

掌握低温熔盐回收碳纤维的方法。

10.3.2　实验原理和方法

基于环保和自身的经济价值，从碳纤维增强高分子材料中回收碳纤维材料具有重要意义。按照回收过程是否采用介质，目前的处理方法可以划分为两类：一类是采用化学介质（有机溶剂或者浓硝酸），包括超临界法、溶剂热法、微波法等；另一类无介质，例如热裂解法。热裂解法可以进行批量化生产，不过这种方法的处理温度一般为 440~550℃，能耗很大；另外，高温也容易造成碳纤维性能的破坏和损伤，降低其机械性能。相比于热解法，介质法（超临界、溶剂热、微波法、普通加热法）的温度较低（一般低于 240℃），然而在这类方法中，密封体系的高压环境存在一定安全隐患；开放体系又会产生大量的有机蒸汽或者硝酸的分解产物，造成污染。对于介质法，在处理结束后，很容易造成高分子在丙醇中的溶解或裂解，因此往往形成一个均相溶液，很难进行分离，经常会形成大量难以处理的废液，造成严重的"二次污染"。

利用熔点在 100~400℃ 的低温熔盐回收碳纤维，过程简单易控、无须大型专用仪器设备、处理过程无有毒有害气体排出、处理后没有废液等二次污染、碳纤维分离容易，且溶于水中的无机盐可以回收并循环利用。

10.3.3　实验仪器与材料

碳纤维、碳纤维增强高分子材料、NaCl、AlCl$_3$、坩埚、马弗炉、超声波清洗机。

10.3.4 实验内容与步骤

（1）称取 2.29g NaCl 粉末和 7.98g $AlCl_3$，混合均匀后进行研磨。

（2）将粉末放入 30mL 的坩埚中。将坩埚置于马弗炉中加热至 220℃。

（3）取一块 13mm×4mm×3mm 的碳纤维高分子增强材料放进去，保温 1.0h。

（4）将处理后的碳纤维增强高分子材料取出坩埚，加入到盛有水的烧杯中，超声处理 30min 后静置 2h。

（5）待碳纤维脱离树脂并悬浮于水中时，将分离的碳纤维用镊子夹出，进行洗涤、干燥处理，得到回收碳纤维。

10.3.5 实验记录及处理

（1）测量并在表 10-3 中记录碳纤维和回收碳纤维的直径和横截面积。

（2）比较碳纤维和回收碳纤维的显微结构。

表 10-3 纤维直径和横截面积对比表

碳纤维	1 号	2 号	3 号	4 号	5 号	平均值
d						
s						
回收碳纤维	1 号	2 号	3 号	4 号	5 号	平均值
d						
s						

参 考 文 献

[1] 蒋建平. 树脂基复合材料实验指导书 [M]. 西安：西北工业大学出版社, 2022.

[2] 范红青. 复合材料与工程专业实验 [M]. 哈尔滨：哈尔滨工业大学出版社, 2022.

[3] 张娜等, 王晓瑞, 张骋. 复合材料实验 [M]. 上海：上海交通大学出版社, 2020.

[4] 李奋强. 产品系统设计 [M]. 北京：中国水利水电出版社, 2013.

[5] 潘利剑. 先进复合材料成型工艺图解 [M]. 北京：化学工业出版社, 2016.

[6] 吴悦梅, 付成龙. 树脂基复合材料成型工艺 [M]. 西安：西北工业大学出版社, 2020.

[7] 汪泽霖. 树脂基复合材料成型工艺读本 [M]. 北京：化学工业出版社, 2017.

[8] 欧阳国恩. 复合材料实验指导书 [M]. 武汉：武汉工业大学出版社, 1997.

[9] 许明飞, 王洪阁. 产品模型制作技法 [M]. 北京：化学工业出版社, 2004.

[10] 谢白. 创饰技　首饰翻模与塑型之道 [M]. 北京：清华大学出版社, 2022.

[11] 王伟. 废聚氨酯发泡塑料的回收利用技术研究 [D]. 太原：中北大学, 2011.

[12] 葛曷一, 吴建军, 刘宁, 等. 一种利用 GFRP 废弃物制备环氧树脂基人造花岗岩的方法：中国, CN104446138B [P]. 2016-10-12.

[13] 赵崇军, 王格非, 黄友富, 等. 一种低温熔盐回收碳纤维的方法：中国, CN103588989B [P]. 2016-04-20.

[14] 余芬, 康永涛. 基于 CATIA 复合材料铺层设计 [J]. 中国民航大学学报, 2010, 28 (4)：35-37.

[15] 魏波, 周金堂, 姚正军, 等. RTM 及其派生工艺的发展现状与应用前景 [J]. 广州化学, 2018, 43 (4)：8.